Rémi Cazelles
Anne Galarneau

Bioconversion du CO2 en méthanol

Rémi Cazelles
Anne Galarneau

Bioconversion du CO2 en méthanol

Utilisation d'un système polyenzymatique stabilisé dans des nanocapsules poreuses de silice

Presses Académiques Francophones

Impressum / Mentions légales

Bibliografische Information der Deutschen Nationalbibliothek: Die Deutsche Nationalbibliothek verzeichnet diese Publikation in der Deutschen Nationalbibliografie; detaillierte bibliografische Daten sind im Internet über http://dnb.d-nb.de abrufbar.

Alle in diesem Buch genannten Marken und Produktnamen unterliegen warenzeichen-, marken- oder patentrechtlichem Schutz bzw. sind Warenzeichen oder eingetragene Warenzeichen der jeweiligen Inhaber. Die Wiedergabe von Marken, Produktnamen, Gebrauchsnamen, Handelsnamen, Warenbezeichnungen u.s.w. in diesem Werk berechtigt auch ohne besondere Kennzeichnung nicht zu der Annahme, dass solche Namen im Sinne der Warenzeichen- und Markenschutzgesetzgebung als frei zu betrachten wären und daher von jedermann benutzt werden dürften.

Information bibliographique publiée par la Deutsche Nationalbibliothek: La Deutsche Nationalbibliothek inscrit cette publication à la Deutsche Nationalbibliografie; des données bibliographiques détaillées sont disponibles sur internet à l'adresse http://dnb.d-nb.de.

Toutes marques et noms de produits mentionnés dans ce livre demeurent sous la protection des marques, des marques déposées et des brevets, et sont des marques ou des marques déposées de leurs détenteurs respectifs. L'utilisation des marques, noms de produits, noms communs, noms commerciaux, descriptions de produits, etc, même sans qu'ils soient mentionnés de façon particulière dans ce livre ne signifie en aucune façon que ces noms peuvent être utilisés sans restriction à l'égard de la législation pour la protection des marques et des marques déposées et pourraient donc être utilisés par quiconque.

Coverbild / Photo de couverture: www.ingimage.com

Verlag / Editeur:
Presses Académiques Francophones
ist ein Imprint der / est une marque déposée de
OmniScriptum GmbH & Co. KG
Heinrich-Böcking-Str. 6-8, 66121 Saarbrücken, Deutschland / Allemagne
Email: info@presses-academiques.com

Herstellung: siehe letzte Seite /
Impression: voir la dernière page
ISBN: 978-3-8416-2920-3

Copyright / Droit d'auteur © 2014 OmniScriptum GmbH & Co. KG
Alle Rechte vorbehalten. / Tous droits réservés. Saarbrücken 2014

AVANT PROPOS

Les travaux présentés dans ce manuscrit ont été réalisés sous la direction de Madame Anne Galarneau, grâce au programme « chercheur d'avenir confirmé », conjointement financé par la Région Languedoc-Roussillon et le Centre National de la Recherche Scientifique. Ces travaux ont été réalisés au sein de l'équipe Matériaux Avancés pour la Catalyse et la Santé (MACS) dirigé par Monsieur Francesco Di Renzo au sein de l'Institut Charles Gerhardt de Montpellier (UMR 5253) dirigé par Monsieur François Fajula.

Je tiens à les remercier sincèrement tous les trois de m'avoir permis de travailler au sein de ce laboratoire et de m'avoir apporté leur expertise à tout moment au cours de ma formation doctorale. Je tiens tout particulièrement à remercier Madame Anne Galarneau, ma directrice de thèse, pour m'avoir permis de participer activement à ce travail de recherche en m'offrant l'opportunité de présenter mes travaux dans de prestigieuses conférences et en m'accordant la possibilité de pouvoir collaborer avec des instituts de renommées internationales.

Je tiens à remercier vivement Monsieur Eric Marceau, Maître de Conférences à l'Université Pierre et Marie Curie, Paris VI et Madame Isabelle Chevalot, Professeur à l'Institut National Polytechnique de Lorraine d'avoir accepté de juger ce travail en tant que rapporteurs.

Je remercie également Monsieur Alain Walcarius, Directeur du Laboratoire de Chimie Physique et Microbiologie pour l'Environnement, Monsieur Benjamin Erable, Chargé de Recherche au Laboratoire de Génie Chimique de Toulouse et Monsieur Joël Chopineau, Professeur à l'Institut Charles Gehrardt de Montpellier d'avoir bien voulu examiner ces travaux.

Je remercie sincèrement toutes les personnes qui m'ont permis de mener à bien ce travail : Thomas Cacciaguerra, Jullien Drone, Annie Finiels, Philippe Gonzalez, Mourad Guermache, Géraldine Layrac et Peralta Pradial de l'Institut Charles Gehrardt de Montpellier, Ovidiu Ersen et Simona Moldovan de l'Institut de Physique et Chimie des Matériaux de Strasbourg, Jian Liu et Markus Antonietti de l'Institut Max Planck des Colloides et Interfaces de Potsdam.

Je tiens à remercier chaleureusement Pierre Agulhon, Charlie Basset, Siham Behar, Mélanie Bordeaux, Arnaud Chaix, Eddy Dib, Isabelle Girard, Marie-Noëlle Labour, Antoine Lacarrière, Alexander Sachse, Bilel Said, Thibault Terencio, Christophe Trouillefou, Rémi Veneziano, Julian

Vittenet, pour tous les bons moments partagés en leur compagnie au laboratoire comme en dehors.

Plus généralement, je remercie toutes les personnes que j'ai pu oublier ou que j'ai eu la chance de côtoyer durant ces trois années de thèse, apportant toujours le plaisir et l'enrichissement d'une rencontre.

Liste des abréviations

ADN : Acide désoxyribonucléique.
ARN : Acide ribonucléique.
ATG : Analyse thermogravimétrique.
BCA : Acide 2,2'-biquinoline-4,4'-dicarboxylique, bicinchoninic acide.
BSA : Albumine de sérum bovin (bovine serum albumin).
CLEA : Agrégats d'enzymes réticulés (cross-linked enzyme agregate).
CM-Cellulose : Carboxyméthylecellulose.
COV : Composé organique volatil.
CPG : Chromatographie phase gaz.
CTAB : Cétyl triméthylamonium bromide.
DDA : Dodécylamine ($C_{12}NH_2$).
DEAE-Cellulose : Diéthylaminoéthylcellulose.
DLL : Diacétyldihydrolutidine.
DLS : Diffusion dynamique de la lumière (dynamic light scattering).
DMC : Diméthyl carbonate.
DMSO : Diméthyl-sulfoxide.
DRX : Diffraction des rayons X.
EB : Tampon d'élution pour la purification de protéines (elution buffer).
EC : Tampon de conservation pour la purification de protéines (conservation buffer).
FAD : Flavine adénine dinucléotide.
FaldDH : Formaldéhyde déshydrogénase.
FateDH : Formiate déshydrogénase.
FID : Détecteur par ionisation de flamme (flame ionisation detector).
FMN : Flavine mononucléotide.
FNR : Ferrodoxine réductase.
GlyDH : Glycérol déshydrogénase.
GOx : Glucose oxydase.
Hb : Hémoglobine.
HEPT : Hauteur équivalente en plateaux théoriques.
HRP : Horse radish peroxidase.
IPTG : Isopropyl β-D-1-thiogalactopyranoside.

LB (-Amp) : milieu de culture **L**uria **B**ertani (en présence d'ampicilline).

MCM : **M**obil **c**rystalline **m**aterial.

MEB : **M**icroscopie **é**lectronique à **b**alayage.

MET : **M**icroscopie **é**lectronique à **t**ransmission.

MTG : Methanol-to-gasoline.

MTH : Methanol-to-hydrocarbons.

MTO : Methanol-to-olefin.

NAD(P)H/NAD(P)$^+$: **N**icotine **a**denine **d**inucléotide (**p**hosphate) réduit/oxidé.

NPS : **N**anocapsule **p**oreuse de **s**ilice.

OEC : complexe de formation du dioxygène (**o**xygen **e**volving **c**omplex).

PEC : **P**hoto-**é**lectro **c**atalytique (réacteur).

PEG : **P**oly **é**thylène**g**lycol.

PFB-Br : **P**enta**f**luoro**b**enzyl **br**omide.

PMO : **O**rganosillices **m**ésoporeuses **p**ériodiques (**p**eriodical **m**esoporous **o**rganosilicate).

POPC : 1-**P**almit**o**yl-2-**o**leoyl**p**hosphatidyl**c**holine.

PSI/PSII : Photosystème I / photosystème II.

PTDH : **P**hosphite **d**és**h**ydrogénase.

PTFE : **P**oly**t**étra**f**luoro**é**thylène.

RuBisCO : **R**ib**u**lose-1,5-**d**i**p**hosphate **c**arboxylase/**o**xygénase.

SBA : Tampon de suspension pour la purification de protéines.

SBB : Tampon de lavage pour la purification de protéines.

SDS-PAGE : Électrophorèse sur gel de polyacrylamide en présence de dodécylsulfate de sodium (**s**odium **d**odecylsulfate - **p**oly**a**crylamide **g**el **e**lectrophoresis).

SHAMASH : Projet ANR pour la Production d'un biocarburant lipidique par des microalgues.

SMS : **S**ilice **m**ésoporeuse **s**pongieuse (**s**ponge **m**esoporous **s**ilica).

TEOS : **T**etra**e**thyl **o**rtho**s**ilicate.

TB (-Amp) : Milieu de culture commercial **T**errific **B**roth (en présence d'**amp**icilline).

TBB : 1,2,3-**t**ri-**b**romo-**b**enzène.

TOF : **T**urn**o**ver **f**requencies (nombre de moles transformées par moles de catalyseur et par unité de temps).

TON : **T**urn**o**ver **n**umber (nombre de moles transformées par moles de catalyseur).

TPP : **T**hiamine **p**yro**p**hosphate.

YADH : Alcool déshydrogénase de levure (**y**east **a**lcohol **d**e**h**ydrogenase).

Table des matières

Table des matières

INTRODUCTION GÉNÉRALE 1

A - Contexte 3

B - Procédés de valorisation du CO_2 5

B.1 - Procédés chimiques 5

B.2 - Procédés biotechnologiques 7

C - Les biotechnologies blanches : les technologies du XXIème siècle 9

C.1 - Généralité sur les biotechnologies blanches 9

C.2 - Catalyseurs enzymatiques 10

C.3 - Importance du cofacteur NADH 12

C.4 - La stabilisation des enzymes 13

C.5 - Cascade multienzymatique 14

C.6 - Bioconversion du CO_2 en méthanol 15

CHAPITRE I – Analyses et caractérisations 19

I.1 - Quantification des systèmes biologiques 21

I.1.1 - Quantification des enzymes 21

I.1.2 - Caractérisation des autres systèmes biologiques 26

I.1.3 - Dosage des intermédiaires chimiques de la cascade enzymatique 31

I.2 - Caractérisation des matériaux 50

I.2.1 - Diffraction des rayons X (DRX) 50

I.2.2 - Diffraction de lumière polarisée et potentiel Zeta 50

I.2.3 - Manométrie d'adsorption d'azote 51

I.2.4 - Microscopie électronique à balayage (MEB) 51

I.2.5 - Microscopie électronique en transmission (MET) 51

I.2.6 - Cryo MET 3D 51

CHAPITRE II – Étude des systèmes biologiques utilisés 53

II.1 - Les enzymes de la biotransformation 55

II.1.1 - Rappels de cinétique enzymatique 55

II.1.2 - Etude des enzymes de la cascade de réduction 57

II.1.3 - Conclusion 65

II.2 - Les systèmes de régénération du NADH 65

II.2.1 - Régénération du NADH par des chloroplastes 66

II.2.2 - Régénération du NADH par un matériau photocatalytique 69

II.2.3 - Régénération du NADH par la glycérol déshydrogénase 70

II.2.4 - Régénération du NADH par la phosphite déshydrogénase 71

II.2.5 - Comparaison des systèmes de régénération du NADH 79

II.2.6 - Conclusion 82

II.3 - La cascades enzymatiques 82

II.3.1 - Optimisation du système à trois enzymes 83

II.3.2 - Optimisation du système trienzymatique avec régénération du NADH 84

II.3.3-Conclusion sur la cascade enzymatique 88

II.4-Conclusion sur les systèmes biologiques choisis 89

CHAPITRE III – Immobilisation des enzymes et étude structurale des NPS 91

III.1 - Introduction 93

III.1.1 - Immobilisation d'enzymes - généralitées 93

III.1.2 - Immobilisation du système tri-enzymatique (FateDH/ FaldDH/ YADH) 97

III.1.3 - Les nanocapsules de silice NPS 98

III.2 - Synthèse des biomatériaux de type NPS 101

III.2.1 - Protocole de synthèse des biomatériaux NPS pour la conversion du CO_2 en méthanol 102

III.2.2 - Etude de l'influence de l'amine et de l'alcool dans le formation des NPS 106

III.3 - Conclusion Chapitre Matériaux 120

CHAPITRE IV - Améliorations possibles du système polyenzymatique 123

IV.1 - Catalyse sous pression avec le système polyenzymatique encapsulé dans les nanocapsules de silice (NPS) 125

IV.1.1 - Stabilisation des enzymes par PEGylation 127

IV.1.2 - Comparaison avec la littérature 131

IV.2 - Immobilisation des enzymes par adsorption dans un monolithe à porosité hiérarchique pour une réaction en flux 134

IV.2.1 - Synthèse de monolithes 134

IV.2.2 - Immobilisation d'enzymes dans les monolithes 136

IV.2.3 - Activité des enzymes immobilisées dans le monolithe 136

IV.4 - Essai de réaction enzymatique en phase gaz 137

IV.5 - Utilisation du photosystème synthétique développé par l'institut Max Planck 139

IV.5.1 - Conversion du formaldéhyde en méthanol 139

IV.5.2 - Conversion du CO2 en méthanol. 140

IV.6 – Conclusions sur l'activité du système polyenzymatique encapsulé 141

CONCLUSION GÉNÉRALE 143
Références bibliographiques 151
ANNEXES 159

Table des matières

INTRODUCTION GÉNÉRALE

INTRODUCTION GÉNÉRALE

A - Contexte

Les émissions de dioxyde de carbone proviennent essentiellement de la combustion de carburants solides liquides ou gazeux, combustion directement liée aux systèmes de transport ou à la production énergétique. Les procédés industriels de production d'acier et de ciment sont également responsables d'une grande partie de ces émissions.

La concentration atmosphérique du CO_2 dans l'atmosphère était de 397 ppm en juillet 2013, ce qui en fait la plus grande réserve de matière première carbonée. L'agence internationale de l'énergie préconise une réduction des émissions de 50% d'ici 2050 afin de limiter l'effet des gaz à effet de serre.[1]

L'utilisation industrielle du CO_2 en 2008 représentait 153 MT, 65 % étant utilisé comme matière première pour l'industrie chimique (Fig. 1).

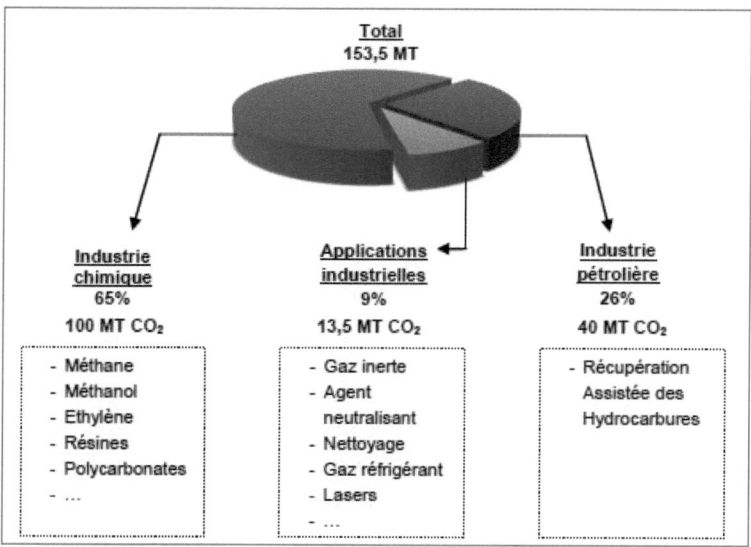

Figure 1 : Diagramme représentatif de l'utilisation industrielle du CO_2 en 2008. (Source : Projet Gestinn, Guide sur l'Eco-Innovation, Valorisation du CO_2, 2008).

L'utilisation du CO_2 par l'industrie représente seulement 0,5% des émissions anthropiques mondiales annuelles. La capture et l'utilisation du CO_2 sont des technologies en développement qui visent à remplacer les hydrocarbures par le dioxyde de carbone comme matière première pour la synthèse en chimie.[2]

Le CO_2 est une molécule incolore et inodore présente à l'état de gaz à pression et température ambiantes. Il est la principale source de carbone pour les organismes photosynthétiques (plantes, algues, cyanobactéries,..), et est au cœur du cycle du carbone qui permet l'échange des éléments carbone entre l'eau, le sol et l'air. Le dioxyde de carbone est également connu pour être le composé organique le plus stable (ΔG = -394.kJ.mol^{-1}), l'énergie nécessaire à apporter pour rompre la liaison C-O du dioxyde de carbone est 724 kJ mol^{-1}, cette barrière énergétique est le principal verrou à son utilisation.

La réduction du dioxyde de carbone peut être thermodynamiquement favorisée lorsqu'il est utilisé avec un co-réactant ayant une énergie de Gibbs plus élevée. En présence de méthane par exemple, le CO_2 est convertit en monoxyde de carbone avec une énergie bien moindre (247,3 kJ.mol^{-1}). Cette barrière thermodynamique peut également être abaissée par les enzymes, qui, par différents effets de stabilisation, abaissent l'énergie d'activation des réactions chimiques.

La production scientifique utilisant le CO_2 comme matière première a plus que doublé depuis 2012 (Fig. 2).

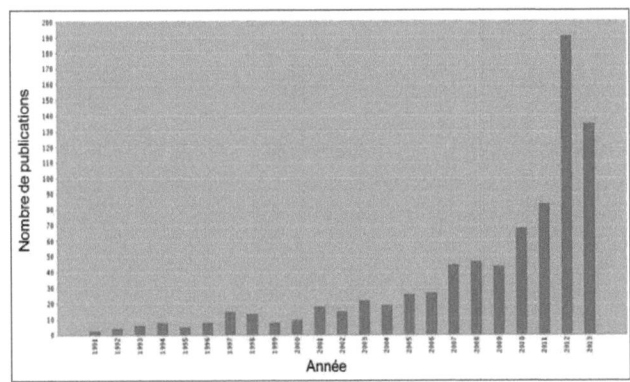

Figure 2 : Production scientifique concernant l'utilisation du CO2 comme matière première. Mot clés : « CO_2 feedstock ».(Source : ISIWeb of Knowledge)

De grandes puissances industrielles (Etats-Unis, Chine, Japon) profitent déjà d'alliances internationales pour se positionner sur le marché émergeant du CO_2. Plusieurs projets européens concernant l'utilisation du CO_2 ont démarré ces dernières années : ELCAT (ELectrocatalytic gas-phase conversion of CO_2 in confined CATalysts) avec les fonds européens du Seventh Framework Project (FP7) pour l'électrocatalyse du CO_2 en milieu gazeux, SHAMASH en coopération avec PSA Peugeot Citroën et l' « European Aeronautic Defence and Space company » (EADS) pour la production de biocarburants lipidiques par des microalgues).

B - Procédés de valorisation du CO_2

L'exploitation du CO_2 comme matière première est possible par voies chimiques, électrochimiques, photochimiques, thermochimiques et par voies biotechnologiques. La plupart de ces procédés sont énergivores à cause des réactions menées à haute température et haute pression, mais aussi à cause de la production d'hydrogène en amont. La durée de vie et le coût du procédé permettant la synthèse des composés formés à partir du CO_2 sont deux facteurs à prendre en compte quant à la valorisation du produit synthétisé.

Le méthanol qui peut être produit à partir de CO_2 est une molécule avec une grande valeur ajoutée car il est directement utilisable dans des procédés industriels déjà efficaces : « methanol-to-olefin » (MTO), « methanol-to-gasoline » (MTG), « methanol-to-hydrocarbons » (MTH). D'autres procédés sont en voie de développement avancé. De ce fait, le méthanol est une des molécules à plus forte valeur ajoutée pouvant être synthétisée à partir du CO_2.

B.1 - Procédés chimiques

La production synthétique, à partir de CO_2, d'urée et d'ammoniac gazeux d'une part et de l'acide salicylique et de phénols d'autre part, sont deux procédés de valorisation du CO_2 déjà exploités à l'échelle industrielle.[3] Le CO_2 permet aussi dans certains cas de remplacer l'utilisation de produits toxiques tels que le monoxyde de carbone et le phosphogène (dichlorure de méthanoyle) lors de la synthèse du diméthylcarbonate (DMC). Le DMC peut également être produit à partir de CO_2, de méthanol et d'un catalyseur d'oxyde de zirconium ZrO_2.[4] Le CO_2 est aussi utilisé comme oxydant doux dans des procédés en flux de CO_2 supercritique (CO_2 : $P \geq 7,4$ MPa, $T \geq 31,1°C$ = $scCO_2$) et peut améliorer la sélectivité de certaines réactions d'oxydations sur des alkylaromatiques.[5]

Une équipe de recherche toulousaine a récemment réussi à synthétiser du méthanol à partir de CO_2 en utilisant comme catalyseurs des phosphoboranes. Ils atteignent des TurnOverNumber (TON, nombre de mole de substrat convertis par mole de catalyseur avant sa désactivation) de 3000 et des TurnOverFrequencies (TOF, de mole de substrat convertis par mole de catalyseur et par unité de temps) de 853 h^{-1}. Les rendements atteignent 99% avec la formation exclusive de CH_3OBR_2 ou $(CH_3OBO)_3$.[6]

Le coke issue de différentes industries est reformée en présence de méthane et de vapeur d'eau en gaz synthétique (appelé syngas, il contient au minimum 50% d'hydrogène ainsi que du CO et du CO_2) grâce à des catalyseurs à base de Nickel ou de Ruthénium. De nouveaux procédés de tri-reformage permettent d'utiliser directement le syngas produit dans des procédés industriels existants.[5] Ainsi la production de méthanol à partir de syngas a été possible mais s'effectue à des pressions et températures élevées (5-10 MPa, 250-300 °C) avec des rendements de 10-15% encore trop faibles pour rendre le procédé rentable.[7]

L'hydrogénation directe du CO_2 par H_2 peut donner du méthanol mais n'est pas un procédé économiquement ou énergétiquement viable dans le sens où la production de H_2 en amont pour les réactions d'hydrogénation consomme beaucoup d'énergie. De plus, la production de H_2 à partir d'hydrocarbure et l'apport de chaleur nécessaire à ces réactions génèrent du CO_2.[8] En revanche, des procédés électrochimiques ont permis la réduction électrocatalytique du CO_2 en méthanol. Ce genre de procédé très énergivore a pu cependant être amélioré en combinant des nanoparticules de platine à une électrode ruthénium/carbone permettant d'augmenter les rendements coulombiens de 35% à 75%.[9] Des procédés photocatalytiques ont également été mis au point, du TiO_2 anatase (la forme cristalline photoactive de l'oxyde de titane) a été déposé sur un verre de Vycor et introduit dans une solution saturée en CO_2. Sous irradiation UV, la production d'un mélange de méthane, méthanol et monoxyde de carbone a été obtenue.[10] De très bons rendements en conversion du CO_2 ont été atteints en utilisant un photocatalyseur modifié par des sulfates (TiO_2/SO_4^{2-}), permettant la formation majoritaire de 4 gaz CO, CH_4, C_2H_4 et C_2H_6 mais aussi de carbonates, de formiate, de formaldéhyde, d'acétaldéhyde et de méthanol qui s'adsorbent sur le photocatalyseur.[11] G. Centi et ses collaborateurs ont démontré la faisabilité d'un photoélectrosystème bioinspiré permettant la réduction du CO_2 en longues chaines carbonées (> C5) avec des protons issus de la dissociation de l'eau. Cette réaction est possible avec le couplage de l'életroréduction du CO_2 (en une étape) avec la photooxydation concomitante de l'eau dans un réacteur PEC (PhotoElectroCatalytique) (Fig. 3).[12]

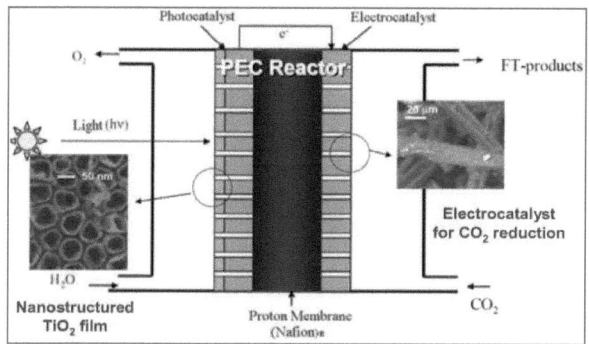

Figure 3 : Electroréduction du CO_2 en présence d'hydrogène par photooxydation concomitante de l'eau.[12]

La thermolyse permet la décomposition du CO_2 sous l'action de la chaleur. Ce procédé repose sur la concentration du rayonnement solaire direct par des miroirs réfléchissants (héliostats). Les températures atteintes, de l'ordre de 3 000°C réduisent spontanément un oxyde de métal qui est ensuite réoxydé au contact du CO_2 pour former du monoxyde de carbone.[13]

Deux procédés de valorisation chimique du CO_2 sont déjà exploités par l'industrie. Une startup américaine, Carbon Science, commercialise du syngas (H_2, CO, CO_2, méthanol) produit par tri-reformage et indique que 95% de l'hydrogène produit aux Etats Unis est obtenu par ce procédé. Une autre startup, Novomer, intègre jusqu'à 50% de CO_2 dans leur production de polymères (polypropylène carbonate et polyéthylène carbonate).

B.2 - Procédés biotechnologiques

La définition de la biotechnologie, selon l'organisation de coopération et de développement économique (OCDE), est : « l'application des principes scientifiques et de l'ingénierie à la transformation de matériaux par des agents biologiques pour produire des biens et services ».[14] L'exploitation de l'ingénierie naturelle en catalyse permet des conditions de réaction à température et pression ambiantes. Le potentiel catalytique des enzymes peut largement être amélioré grâce à des modifications de leurs structures par biologie moléculaire, et peut permettre également de modifier leur stabilité et leur spécificité de substrat.[15] D'autres outils, comme l'immobilisation des enzymes, augmentent encore leur capacité, les rendant de plus en plus attrayantes pour des applications industrielles.

INTRODUCTION GÉNÉRALE

Les catalyseurs naturels (les enzymes) sont en mesure de stocker le CO_2 sous forme de divers produits à valeurs ajoutées. Plusieurs Instituts, dont Max Planck en Allemagne, travaillent sur des modifications génétiques de la protéine RuBisCO, responsable de la capture du CO_2 par les organismes phototrophiques en absence de lumière.[16] L'enzyme formiate déshydrogénase immobilisée sur des fibres creuses de polyéthylène transforme le CO_2 en acide formique.[17] Un autre type d'enzyme, l'anhydrase carbonique immobilisée dans une structure inorganique à base de silice, permet de convertir le CO_2 en bicarbonate ou de le stocker directement sous la forme de cristaux de calcite et de valérite.[18,19] La conversion enzymatique du CO_2 en biodiesel par une lipase a même été réalisée dans un système biphasique de CO_2 supercritique et liquides ioniques.[20]

Un procédé biotechnologique commercialisable doit pouvoir atteindre des taux de conversion (TON :TurnOverNumber) supérieurs à 8 000 mol produite par mol de catalyseur et des vitesses de réaction de l'ordre de 0,1 à 1 mol produite par minute. L'utilisation de matériaux biologiques pour la production de molécules à valeurs ajoutées s'inscrit dans un nouveau type de technologie appelée les biotechnologies blanches.

C - Les biotechnologies blanches : les technologies du XXIème siècle

C.1 - Généralité sur les biotechnologies blanches

On classe souvent les biotechnologies selon leur domaine d'activité : biotechnologies rouges pour la production pharmaceutique, vertes pour l'amélioration des plantes et des graines, bleues pour celles liées au domaine marin et blanches pour la production industrielle non pharmaceutique. Ces dernières reposent sur l'utilisation de systèmes biologiques (levures, bactéries, champignons, enzymes) dans la fabrication, la transformation ou la dégradation de molécules (Fig. 4).

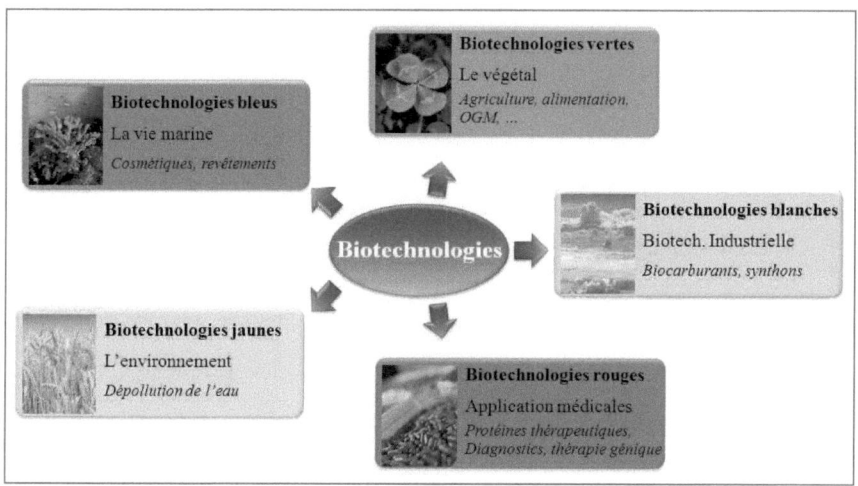

Figure 4 : Les couleurs des biotechnologies. D'après O'Donohu et P.Monsan.[21]

L'avantage majeur des biotechnologies est la réduction des coûts de production grâce à l'utilisation de procédés plus économes en énergie (conditions douces), et la formation de produits à haute valeur ajoutée obtenus de façon sélective. L'application industrielle de procédés enzymatiques ou de fermentation est vue comme une alternative viable aux procédés chimiques actuels souvent réalisés dans des conditions énergivores et peu sélectives. L'industrie mondiale a commencé à s'intéresser aux biotechnologies dites « blanches » depuis les années 1970 avec le développement des techniques de biologie moléculaire. Les organismes vivants tels que les bactéries ont alors pu êtres améliorés pour servir l'industrie chimique (production plus rapide, tolérance pour le produit désiré et limitation des sous-produits). Les deux chocs économiques de 1973 et 1979 ont largement contribué à leur développement de par le besoin de diversifier les sources de matière première trop souvent liées à l'exploitation des hydrocarbures. Par exemple, après le premier choc pétrolier, le Brésil a développé la production d'éthanol synthétique qui est passée de 5% à 100% en 20 ans grâce à des processus de fermentation devenus rentables. Les procédés d'hydratation de l'éthylène (pour la formation d'éthanol synthétique) deviennent eux aussi économiquement viables quand les cours du pétrole sont au plus hauts. Les biotechnologies blanches permettent la production de produits à haute valeur ajoutée telles que les molécules énergétiques (bioéthanol), les intermédiaires pour la chimie (synthons), les biopolymères et les biomatériaux (prothèses et implants). Certain procédés biocatalytiques permettent de simplifier significativement les procédés chimiques comme pour la synthèse de la Sitagliptine, un antidiabétique (Fig. 5).[22]

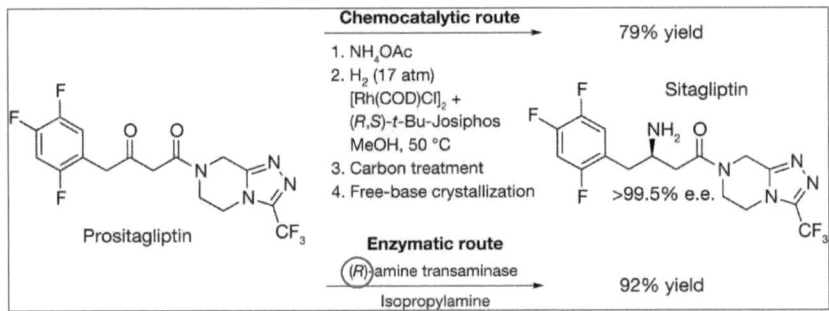

Figure 5: La synthèse enzymatique de la Sitagliptine est plus efficace que sa synthèse chimique en termes de rendements et d'énantiosélectivité réduisant la quantité de déchets tels que les métaux de transitions[22]

De plus, même si les catalyseurs vivants (enzymes, bactéries, levures, champignons,..) doivent être régulièrement remplacés, les investissements nécessaires sont généralement inférieurs à ceux de l'industrie chimique : infrastructures qui doivent supporter les conditions de haute pression et température, matières premières non renouvelables et/ou difficilement accessibles, nombreuses étapes de lavages et de purifications, toxicité de certains catalyseurs.

C.2 - Catalyseurs enzymatiques

Les enzymes sont des protéines qui présentent une activité catalytique spécifique. Elles réalisent les réactions chimiques qui se produisent au cœur de l'organisme qui les fabriquent. Les enzymes sont généralement des catalyseurs plus sélectifs et plus efficaces que les catalyseurs synthétiques. Le nombre de mole de substrat transformé par mole de catalyseur et par unité de temps (TOF) est de l'ordre de 10^3-10^7 s^{-1} pour les enzymes contre 10^{-2}-10^2 s^{-1} pour les catalyseurs chimiques.[23] Les enzymes sont composées de plusieurs centaines d'acides aminés liés entres eux par une liaison peptidique et elles sont structurées sur plusieurs niveaux : une structure primaire correspondant à l'enchaînement des acides aminés après la traduction de l'ARN par les ribosomes. Une structure secondaire correspondant à un enchaînement particulier d'acides aminés qui s'organisent en hélices α ou en feuillet β. Une structure ternaire correspondant au repliement final de la protéine formant ainsi la poche catalytique (le site actif), qui réalisera les réactions chimiques. Quelquefois, ces enzymes présentent également une structure quaternaire correspondant à l'association d'une ou plusieurs structures ternaires ou à un repliement particulier de la protéine induit par un cofacteur ou effecteur enzymatique, comme cela est le cas pour des enzymes dites allostériques. Les enzymes que nous étudierons dans cette thèse sont des oxydoréductases (E.C.1) qui accompliront des transformations chimiques grâce à des cofacteurs (appelés aussi coenzymes) tel que NAD (nicotinamide adénine dinucléotide), FAD (flavine adénine dinucléotide), FMN (flavine mononucléotide), TPP (thiamine pyrophosphate). Les enzymes agissent à de très faibles concentrations comparativement aux catalyseurs chimiques. Elles permettent d'augmenter les vitesses des réactions chimiques en stabilisant les états de transitions (Fig. 6).

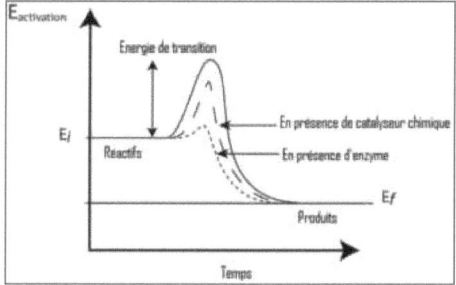

Figure 6 : Schéma de l'effet de la stabilisation de l'état de transition d'une réaction chimique par les enzymes.

Comme pour un catalyseur chimique, la baisse plus importante de l'énergie d'activation ΔG par les enzymes s'explique par l'utilisation d'un chemin réactionnel différent de celui de la réaction chimique. L'enzyme retrouve sa structure initiale après la réaction catalytique. La baisse d'énergie d'activation par les enzymes est favorisée par :

1) la préorganisation des substrats dans le site actif de l'enzyme,

2) la perte de degrés de liberté par confinement dans le site actif (effet entropique),

3) un développement récent montre également l'importance de l'effet tunnel pour des enzymes de types déshydrogénases[24] comme celles que nous utiliserons,

4) des effets dynamiques de la structure tridimensionnelle de l'enzyme qui ont notamment lieu lors de catalyse, comme démontré pour l'enzyme formiate déshydrogénase[25] que nous utiliserons notamment dans la biotransformation étudiée dans cette thèse.

C.3 - Importance du cofacteur NADH

Les trois enzymes qui seront utilisées dans cette thèse sont des déshydrogénases, elles ont la particularité d'utiliser le même cofacteur, la nicotinamide adénine dinucléotide qui peut apparaître sous forme oxydée (NAD$^+$) ou réduite (NADH, H$^+$ qui sera notée par la suite NADH) (Fig. 7)

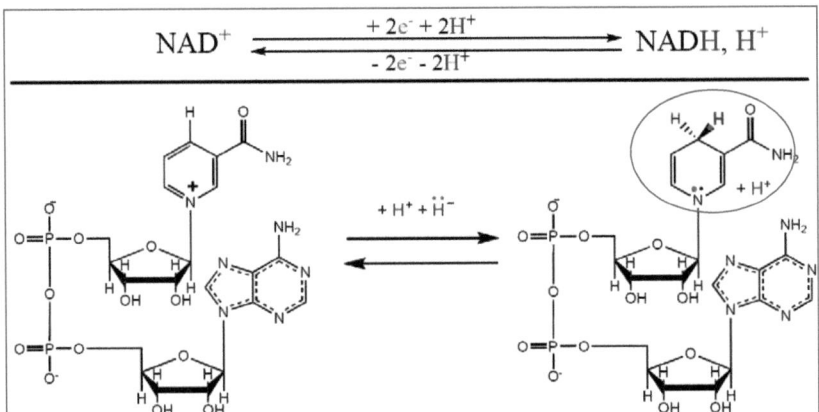

Figure 7 : Transfert d'hydrure et de proton entre les formes oxydés (NAD$^+$) et réduites (NADH) du cofacteur enzymatique.

Les deux formes du cofacteur coexistent à l'équilibre. La réaction d'oxydoréduction s'équilibre par transfert de deux électrons et de deux protons (Eq. 1), mais c'est en réalité le transfert d'un proton et d'un hydrure qui a lieu. Ce sont les électrons placés en position 1 et 4 du cycle nicotinique (entourés sur la figure 8) qui permettent l'activité biologique du cofacteur, et seule la forme β-1,4-NADH où le cycle nicotinique est en position beta du ribose est biologiquement active. Ce cofacteur enzymatique est naturellement produit à partir de la vitamine B3 au sein du noyau des cellules, la production industrielle du cofacteur NADH se fait soit par fermentation bactérienne[26] soit à partir de levures.[27] Ces procédés sont longs et coûteux, et donc, pour des raisons évidentes de rentabilité, le cofacteur doit être régénéré au cours de la réaction catalytique.

La régénération chimique des cofacteurs produit différents isomères (α-1,4-NADH, β-1,6-NADH, ...) qui ne sont pas biologiquement actifs et vont agir comme des inhibiteurs enzymatiques en se fixant dans le site actif des protéines. Lorsque l'isomère β-1,4-NADH se fixe dans le site actif, la protéine et le cofacteur forment alors un complexe capable d'accueillir et de transformer les différents substrats.

C.4 - La stabilisation des enzymes

Les enzymes sont des macromolécules tridimensionnelles qui sont dynamiques. Leur structure possède des degrés de liberté qui leur permette une sorte de respiration leur conférant leurs propriétés catalytiques. Dans la cellule, l'environnement de l'enzyme est très important pour sa stabilisation, et donc son activité catalytique. Lorsqu'une enzyme est rendue inactive par un changement de conformation, elle est remplacée par l'ingénierie de la cellule. En revanche, dans un procédé synthétique, les enzymes sont souvent dénaturées à cause de l'environnement non naturel dans lequel elles sont utilisées. Cette inactivation aura un impact direct sur les capacités catalytiques du système. Il est donc nécessaire de pouvoir stabiliser les enzymes pour éviter leur dénaturation. Il existe différentes méthodes de stabilisation des enzymes et notamment par différentes techniques d'immobilisation dans différents type de supports organiques ou inorganiques qui seront décrites dans le chapitre 4. En 2009, U. Hanefeld et ses collaborateurs ont détaillé les paramètres importants, à prendre en compte lors de l'immobilisation des enzymes (Fig. 8).[28]

Enzyme
- taille de la structure quaternaire biologiquement active
- souplesse de conformation spatiale nécessaire au mécanisme enzymatique
- point isoélectrique
- fonction chimique de surface et densité de charge
- stabilité dans les conditions d'immobilisation
- présence de parties hydrophobe ou hydrophile
- présence de cofacteurs

Support
- organique ou inorganique
- hydrophile ou hydrophobe
- charges de surface

o fonctionnalisation de la surface
o stabilité chimique et mécanique
o surface spécifique
o porosité ou taille de particules
o coût de l'immobilisation
Facteurs spécifiques à l'activité enzymatique
o solvant dans lequel est réalisé la réaction
o limitation par diffusion
o inhibition de l'enzyme (effet de pH locaux, surconcentration des réactifs ou produits)
o précipitation des produits de réaction
o viscosité du milieu

Figure 8 : Paramètres à prendre en compte lors d'une immobilisation d'enzyme d'après U. Hanefeld, 2009.

L'immobilisation permet de palier à l'instabilité de certaines enzymes dans des conditions non naturelles de réaction. Les capacités catalytiques des enzymes peuvent même quelquefois être améliorées grâce au macroenvironnement créé par le processus de d'immobilisation, comme nous le verrons par la suite pour la réaction en cascade des trois enzymes déshydrogénases utilisées dans cette thèse.

C.5 - Cascade multienzymatique

Les réactions en cascades, en tandem ou encore en domino sont connues en synthèse organique comme une succession de réactions intermoléculaires rendues possibles grâce à de nombreuses fonctionnalités chimiques proches, comme dans la réaction de cycloaddition de Diels Alder. En biologie, les réactions en cascade sont souvent rencontrées *in-vivo* et représentent une succession de réactions enzymatiques permettant l'utilisation et la dégradation de molécules *in-vivo*. Dans les voies métaboliques, plusieurs enzymes travaillent ensemble pour réaliser des réactions en cascade (glycolise, cycle de Krebs, ...) qui peuvent être reproduites *in-vitro*. Certains procédés de synthèse chimique intègrent l'utilisation en cascade d'enzyme pour la production de molécules pharmaceutiques ou dans des processus de synthèse en chimie fine. Des enzymes pour des réactions en cascade sont également utilisées pour des applications dans l'industrie alimentaire, les biodétecteurs et les cellules de production de biocarburant.

Ces réactions en cascade en biochimie sont définies comme la combinaison d'au moins deux enzymes dans le même pot réactionnel. Elles ont étés classifiées en quatre catégories.[29] Les cascades linéaires où un substrat unique est transformé via plusieurs intermédiaires en un produit ; les cascades dites orthogonales où l'action couplée d'une enzyme permet la régénération des cofacteurs ou l'élimination de sous-produits ; les cascades parallèles où deux enzymes réalisent des réactions couplées par l'utilisation d'un cosubstrat ou cofacteur, et les cascades cycliques. L'utilisation de telles cascades peut alors permettre de déplacer les équilibres réactionnels de certaines enzymes lorsqu'elles sont couplées à des systèmes irréversibles. S. Schoffelen et J.C.M Van Hest ont récemment rationalisé les différentes méthodes utilisées pour mettre en place ces cascades enzymatiques.[30]

De grands Instituts ont compris l'avantage de tels systèmes et développent des cascades enzymatiques d'intérêt pour la santé. Le MIT développe notamment des nanocapsules multi-enzymatiques pour le traitement du diabète.[31] L'UCLA a mis au point un complexe trienzymatique structuré au moyen d'un template d'ADN qui permet le sevrage alcoolique.[32]

La plupart des publications concernant des cascades enzymatiques ne font cependant que très rarement état d'optimisation rationnelle. Des équipes de chercheurs tentent de mettre au point des modèles mathématiques permettant d'expliquer les cinétiques de transformation in-vivo.[33] Ce sont ces modèles qu'il faudrait appliquer aux transformations in-vitro afin d'optimiser ces bioprocédés synthétiques.[34, 35] La bioconversion du CO_2 en méthanol que nous avons étudié dans cette thèse est un des exemples de cascades enzymatiques pour laquelle aucune optimisation rationnelle n'a encore été expérimentée et/ou étudiée.

C.6 - Bioconversion du CO_2 en méthanol

En 1976, l'allemand Rusching découvre qu'une enzyme particulière, la formiate déshydrogénase (FateDH) peut convertir le CO_2 en formiate.[36] En 1999, R. Obert et B.C. Dave combinent cette enzyme avec une formaldéhyde déshydrogénase (FaldDH) et une alcool déshydrogénase (YADH) immobilisées dans un sol-gel classique de silice et réussissent la réduction enzymatique en cascade du CO_2 en méthanol (Fig. 9).[37] Bien que cette réaction soit thermodynamiquement défavorisée, sa faisabilité sera prouvée en 2010 par F.S. Baskaya et son équipe.[38]

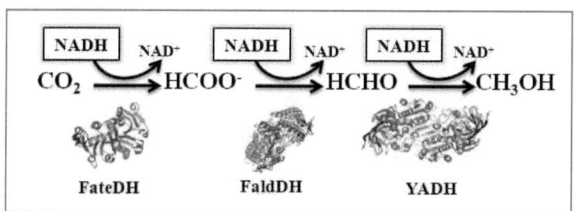

Figure 9 : Bioconversion du CO_2 en méthanol par trois déshydrogénase[37]. Les protons et électrons nécessaires aux réactions de réduction sont fournis par le cofacteur NADH.

En 2002 et 2007, B.C. Dave, seul puis avec l'aide de ses collaborateurs, apportent une amélioration à cette synthèse en utilisant soit un photosystème nommé PSII, soit une enzyme (lactate déshydrogénase) pour régénérer le NADH.[39, 40] En 2002, Z.Y. Jiang et ses collaborateurs reprennent le travail préliminaire de B.C. Dave[37] et montrent l'importance d'immobiliser les trois déshydrogénases dans un support inorganique adapté. Ils apportent ainsi plusieurs améliorations jusqu'en 2009, notamment en encapsulant les enzymes dans des nanoparticules de TiO_2 structurées par des amines. Ils n'ont pas étudié la régénération du cofacteur.[41-47] En 2008, B. El-Zahab et ses collaborateurs ont travaillé sur le même procédé en stabilisant le cofacteur et les enzymes par greffage covalent sur des microparticules de polystyrène. Ils ont montré que les particules pouvaient être réutilisées jusqu'à onze fois en conservant 80% de leur productivité d'origine.[48] En 2012, A. Dibenedetto et ses collaborateurs ont décrit un moyen de régénération photochimique différent du cofacteur pour ce procédé, qui implique l'utilisation de nanoparticule ZnS-A.[49]

A noter qu'en 2011, la réduction du CO_2 en méthanol a également pu être catalysée en utilisant une enzyme différente (anhydrase carbonique) qui augmente les rendements de réduction quand elle est couplée à un système électrochimique.[50]

Dans cette thèse nous allons reprendre le système enzymatique en cascade de .C. Dave et le rationaliser en étudiant les enzymes séparément, puis par deux, puis par trois, en examinant l'influence du cofacteur et du système de stabilisation. Le schéma présenté Figure 10 résume les différents points abordés au cours de ce travail de thèse qui ont permis d'optimiser le procédé biocatalytique de conversion du CO_2 en méthanol.

Le chapitre 1 (méthodes analytiques) décrit l'étude menée afin de pouvoir analyser les différentes réactions enzymatiques mises en jeux. Du CO_2 au méthanol, en passant par les intermédiaires de la cascade enzymatique formiate et formaldéhyde, et les cofacteurs enzymatiques NADH et NAD^+ (Fig. 9), chacun des composés chimiques à été soumis à une batterie de tests de détection afin de pouvoir trouver la méthode de quantification la plus précise. Les méthodes d'analyses physico-chimiques pour la caractérisation des matériaux et des systèmes biologiques utilisés sont également exposées. L'étude des systèmes biologiques utilisés est présentée dans le chapitre 2. Dans ce chapitre nous décrivons le procédé de conversion du CO_2 en méthanol, son optimisation rationnelle, et les différentes méthodes de régénération du cofacteur NADH. Le chapitre 3 ne concerne que l'étude des nanocapsules poreuse de silice NPS, leur mode de formation et le rôle des composants qui les structurent. Le dernier chapitre de ce travail de thèse concerne l'optimisation du procédé biocatalytique, l'utilisation du sol-gel initialement utilisé pour l'immobilisation de la cascade enzymatique et l'immobilisation dans un monolithe y est testée. Nous avons étudié l'influence de la stabilisation des enzymes par le matériau décrit chapitre 3 et cherché de nouvelles mises en forme du bioprocédé afin d'atteindre les meilleures productivités pour la bioconversion du CO_2 en méthanol.

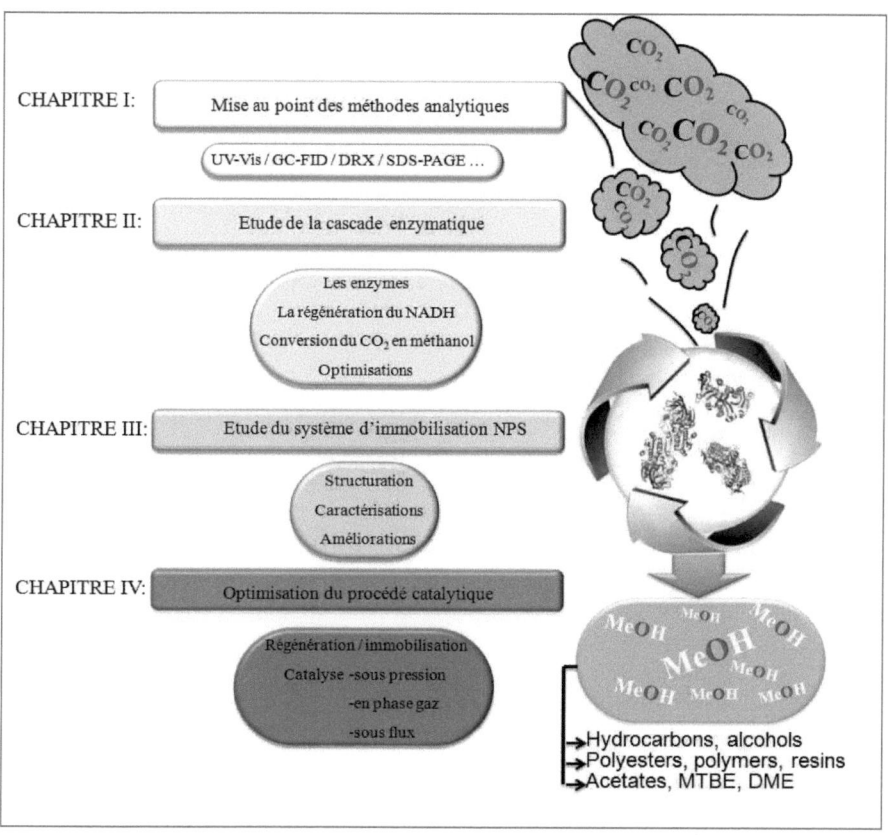

Figure 10 : Plan du manuscrit de thèse concernant la conversion du CO_2 en MeOH par un système multienzymatique encapsulés dans des nanocapsules de silice.

INTRODUCTION GÉNÉRALE

CHAPITRE I – Analyses et caractérisations

I.1 - Quantification des systèmes biologiques

Les méthodes analytiques adéquates doivent être développées pour quantifier à la fois la quantité d'enzymes actives utilisées dans la conversion du CO_2 en méthanol et la quantité de chaque sous-produit formés (formaldéhyde, formiate). Des seuils de détection et de quantification bas doivent être accessibles par les méthodes choisies, le problème majeur survenant lors de l'utilisation de systèmes biologiques est l'approximation visant à penser que les enzymes sont des catalyseurs similaires à ceux employés en chimie.[24] La complexité des systèmes biologiques commerciaux nécessite de connaître précisément la teneur en protéines actives dans les poudres enzymatiques commerciales et leur activité qui peut varier d'un lot à l'autre.

I.1.1 - Quantification des protéines

Les enzymes responsables de la conversion du dioxyde de carbone en méthanol utilisées au cours de ce travail (formiate déshydrogénase, formaldéhyde déshydrogénase et alcool déshydrogénase) ont été obtenues auprès du fournisseur industriel Sigma-Aldrich©. La quantité en masse de protéines contenue dans les poudres commerciales dépend de la qualité de production des différents lots. Dans un souci de reproductibilité, nous nous sommes efforcés de quantifier et de caractériser les lots d'enzymes utilisés. Une enzyme est caractérisée par son poids moléculaire et son activité spécifique U qui représente la quantité de substrat transformé en µmole par minute. Il existe des tests mesurant ces activités spécifiques donnés par les fournisseurs, cependant les conditions de réaction utilisées sont parfois éloignées des conditions de fonctionnement optimales de l'enzyme (concentrations en substrats inférieures aux concentrations saturantes). Pour chacune des trois enzymes, nous avons donc élaboré notre propre test d'activité spécifique basé sur l'étude des constantes d'affinités réalisée sur les trois enzymes de la biotransformation.

Afin de déterminer la quantité réelle de protéines présentes dans les lots commerciaux, nous avons utilisé deux types de méthodes de dosages différents. Deux méthodes indirectes par ajout d'un agent chimique, et une méthode par mesure directe d'absorbance. Les deux systèmes de quantification indirecte utilisés, par complexation de l'acide bicinchoninique (BCA) et par le réactif de Bradford[51], nous ont permis de quantifier les lots d'enzyme commerciaux. La méthode de dosage directe, basée sur la mesure d'absorbance à 280 nm (λ_{max} protéines), nous a permis de doser la protéine recombinante que nous avons produite au sein du laboratoire, la phosphite déshydrogénase servant à régénérer le cofacteur NADH.

I.1.1.1 - Méthodes indirectes

Les premières méthodes de dosage développées, par ajout de biuret et par la méthode de Lowry[52] sont longues, fastidieuses, consomment beaucoup de matériel et présentent des incompatibilités avec certains sels. La composition précise des lots d'enzymes commerciaux étant inconnue, la quantification des protéines doit se faire en comparant des méthodes différentes.

I.1.1.1.1 - Par réaction avec l'acide bicinchoninique (BCA)

La méthode par ajout de BCA nous permet de quantifier rapidement les lots d'enzymes commerciaux. Ce test colorimétrique est une amélioration de la méthode de Lowry qui repose sur la réduction d'ions cuivriques Cu^{2+} en ions cuivreux Cu^+ par les liaisons peptidiques des enzymes. L'ion cuivreux est ensuite chélaté par l'acide bicinchoninique pour former un complexe qui absorbe fortement à 562 nm (Fig. 11). Paul Smith et ses collaborateurs[53] ont réalisé les deux étapes du dosage en une seule étape et le complexe coloré formé est stable plusieurs heures, contrairement à la méthode de Lowry. Cette méthode est utilisée pour doser de faibles concentrations de protéines (0,2 mg.L^{-1} à 200 mg.L^{-1}) de manière rapide et par simple lecture d'absorbance.

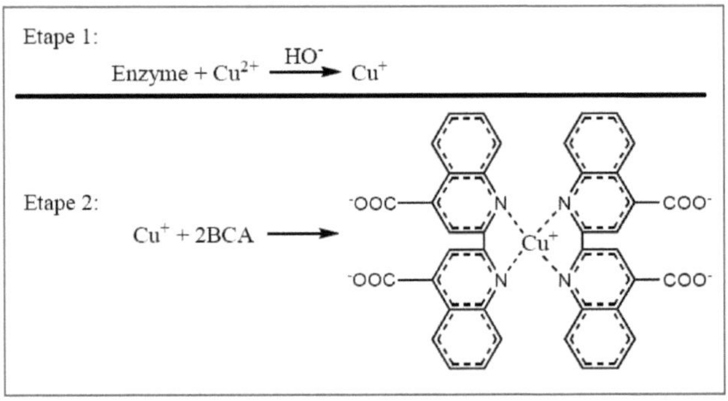

Figure 11 : Principe de dosage des protéines par l'acide bicinchoninique.

La variation du coefficient de réponse entre différentes protéines étalons est minime, nous avons utilisé l'albumine de sérum bovin (BSA) comme protéine de référence pour calibrer systématiquement tous les dosages. La méthode de dosage BCA n'interfère pas avec d'autres substances provenant de la production des lots d'enzymes commerciaux comme les détergents (SDS), les lipides ou les acides nucléiques. Cependant, elle est inadéquate en présence d'agents réducteurs ou chélatants.

I.1.1.1.2 - *Par réaction avec le réactif de Bradford.*

Ce type de dosage nous a servi à déterminer les concentrations de protéines après leur purification. Développée par M.M. Bradford[51], c'est la méthode la plus utilisée, car la plus simple et la plus rapide. Elle repose sur l'interaction d'une molécule pigment, le « *Bradford Coomassie brilliant blue G-250 protein-binding dye* », avec les chaînes latérales d'acides aminés. La complexation de l'agent chimique se fait par interactions basiques, hydrophobes ou de Van der Waals, principalement avec les acides aminés arginine, histidine et lysine (Fig. 12-b). Le maximum d'absorption à 465 nm de la molécule pigment (Fig. 12-a) est alors déplacé à 595 nm.

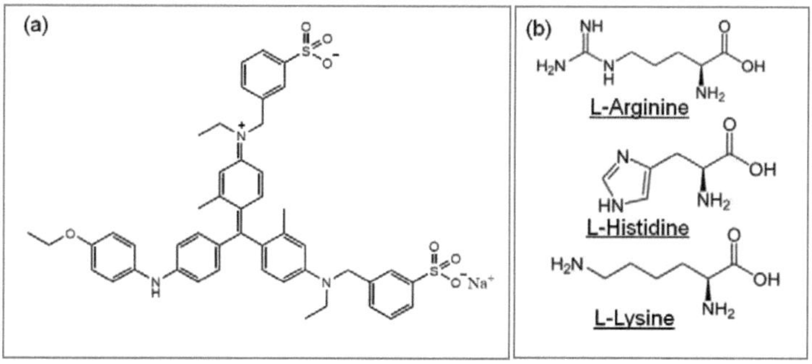

Figure 12 : (a) Molécule pigment appellée "Bradford Coomassie brilliant blue G-250 protein-binding dye". (b) Acides aminés complexant principalement avec la molécule pigment.

Le nombre de molécules pigments complexées est proportionnel au nombre de charges positives sur la protéine. Cependant cette proportionnalité est restreinte à une gamme de concentrations limitée (15 à 1 400 mg.L^{-1}) et interfère avec les détergents mais pas avec les sels ou les agents réducteurs.

I.1.1.2 - Méthodes directes

Les protéines absorbent dans le domaine des UV, ce sont en fait les acides aminés spécifiques et les liens peptidiques qui absorbent la lumière UV, les protéines peuvent donc être quantifiées par simple lecture d'absorbance. Les acides aminés aux résidus aromatiques (tryptophane, phénylalanine et tyrosine) absorbent fortement dans la région 260-280 nm. Leurs propriétés d'absorbance peuvent être utilisées pour quantifier une concentration de protéine[54] soit par comparaison avec une courbe standard, soit grâce au coefficient d'absorption molaire spécifique de la protéine (ε). Le coefficient d'absorption (ε) peut être calculé à partir de la séquence nucléotidique de la protéine au moyen d'un programme informatique (ProtParam) développé par E. Gasteiger et ses collaborateurs[55] qui est disponible sur le portail de ressources bioinformatiques de l'institut bioinformatiques suisse (SIB).[56] Si la séquence d'acides aminés de la protéine est connue, le coefficient d'absorption peut être calculé grâce à l'équation 1 :[54]

$$\varepsilon_{280nm}(M^{-1}.cm^{-1}) = (\#Trp)(5500) + (\#Tyr)(1490) + (\#Cys)(125)$$

Equation. 1 : Calcul du coefficient d'extinction molaire d'une protéine (en L mol^{-1} cm^{-1}) à partir du nombre d'acides aminés tryptophane (#Trp), tyrosine (#Tyr) et cystéine (#Cys) qui la composent.

Une fois le coefficient d'absorbance déterminé, il suffit de l'utiliser dans la relation de Beer-Lambert (Eq. 2) :

$$Abs_{280nm} = \varepsilon_{280nm} \, l \, C$$

Equation. 2 : Equation de Beer Lamber.

La relation de Beer Lambert relie l'absorbance d'une solution de protéine à une longueur d'onde spécifique (Abs_{280nm}) et sa concentration (C, en mol.L^{-1}) avec ε étant le coefficient d'extinction molaire exprimé en L.mol^{-1}.cm^{-1} et l la longueur du trajet optique en cm. Cette méthode de dosage permet de déterminer la concentration d'une solution de protéines (dont la composition exacte est connue) de 20 à 3 000 mg.L^{-1}. L'absorbance à 205 nm peut également être utilisée. Cette méthode de quantification est basée sur l'absorbance du lien peptidique.[57] Nous n'avons pas utilisé cette technique car beaucoup de produits chimiques organiques absorbent également dans cette région des longueurs d'ondes, le dosage est peu fiable. Les propriétés de fluorescence d'un agent chimique (le réactif NanoOrange®) qui se complexe à des protéines solubilisées par un détergent, permettent une quantification de 10 ng.mL^{-1} à 10 µg.mL^{-1}.[58] La quantification par fluorescence grâce aux résidus d'acides aminés tryptophane, tyrosine, et phénylalanine est également possible sur une plus petite gamme de concentration (5-50 µg.L^{-1}), mais le rendement quantique d'absorption de la lumière est faible, et le temps de vie d'émission de fluorescence court.

I.1.1.3 - Calibration des méthodes utilisées

La méthode de Bradford est simple et rapide. Une gamme étalon constituée de la protéine BSA (albumine de sérum bovin) est préparée à différentes concentrations dans 300 µL d'un tampon phosphate de potassium (0,1 M, pH 7). Un volume équivalent de solution commerciale du réactif de Bradford (DC™ Protein Assay, BioRad), préalablement dilué vingt fois dans de l'eau distillée, est ajouté aux échantillons. La réaction se déroule à température ambiante pendant 15 à 20 minutes. Les différents échantillons sont ensuite dilués dans l'eau distillée pour avoir des absorbances < 1 qui sont mesurées à 595 nm (Fig. 13-a). Le dosage par la méthode BCA est similaire, le réactif commercial (Micro BCA™ Protein Assay Kit, Thermo Scientific) est composé de trois solutions (un tampon carbonate/tartrate, l'acide bicinchoninique et le cuivre sous forme de CuSO$_4$) qui sont mélangées dans les proportions précisées par le fournisseur juste avant d'être utilisées. Le réactif coloré est ajouté aux échantillons et la réaction se fait pendant vingt minutes à 60 °C. Les différentes solutions sont laissées refroidir et sont diluées dans de l'eau pure pour avoir des absorbances < 1 qui sont mesurées à 565 nm (Fig. 13-b).

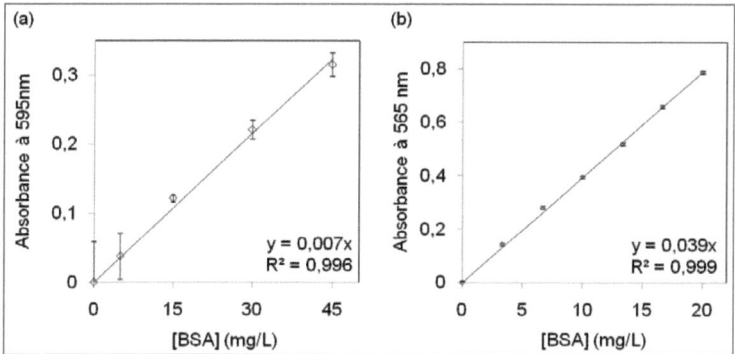

Figure 13 : Calibration du dosage de protéines. (a) Méthode de Bradford. (b) Méthode BCA (acide bicinchoninique).

La méthode de quantification par l'acide bicinchininique (BCA) permet un seuil de détection de protéines de 0,5 mg.L^{-1} et un seuil de quantification de 5 mg.L^{-1}. Cette méthode est propice à la détermination de faibles concentrations de protéines même en présence de détergents tout en conservant une bonne reproductibilité. Nous l'avons utilisée pour déterminer la concentration de solutions de protéines commerciales. La méthode de Bradford permet un seuil de détection de protéines de 5 mg.L^{-1} et un seuil de quantification à 15 mg.L^{-1}. Cette méthode est propice à la détection de protéines plus concentrées qui ne contiennent pas de tensioactifs. Nous nous en sommes servis pour déterminer la concentration de protéines après leur purification sur une colonne d'exclusion stérique.

La détermination de protéines par mesure d'absorbance en UV est possible seulement si la solution dans laquelle est contenue l'enzyme est parfaitement définie, c'est-à-dire que la concentration de toutes les espèces absorbant en UV est parfaitement définie. De nombreux composés chimiques absorbent dans la région UV, si la solution de référence n'est pas correctement déterminée, des erreurs importantes de quantification peuvent survenir. Seule l'enzyme phosphite déshydrogénase (PTDH), produite au sein du laboratoire, a été quantifiée par UV. Elle a été purifiée et stockée dans un tampon spécifique dont nous nous sommes servis comme solution de référence pour les mesures d'absorbance à 280 nm. Nous ne nous sommes pas servis des méthodes de quantification par mesure d'absorbance à 205 nm ou par des mesures de fluorescence.

I.1.2 - Caractérisation des autres systèmes biologiques

Les enzymes utilisées au cours de ce travail ne proviennent pas toutes de fournisseurs industriels et ne sont pas toutes libres en solution. Nous avons dû caractériser une enzyme que nous avons produit au sein du laboratoire, la phosphite déshydrogénase et quantifier la quantité de protéines contenue dans les biomatériaux que nous avons synthétisés.

Au cours de ce travail, nous avons aussi dû caractériser des chloroplastes utilisés pour la régénération du cofacteur NADH. L'utilisation du photosystème PSII a en effet été proposé par B.C. Dave dans son brevet de 2002.[39]

I.1.2.1 - Le photosystème naturel (PSII)

Les chloroplastes extraits de feuilles d'épinard *Spinacia oleracea* pour la régénération du cofacteur NADH sont des systèmes complexes. Ils sont rapidement quantifiés grâce à la quantité de chlorophylles qu'ils contiennent.[59] Il existe deux types de chlorophylles chez les végétaux supérieurs, la chlorophylle a et la chlorophylle b, qui ont des spectres d'absorbance en UV-Vis différents (Fig. 14).

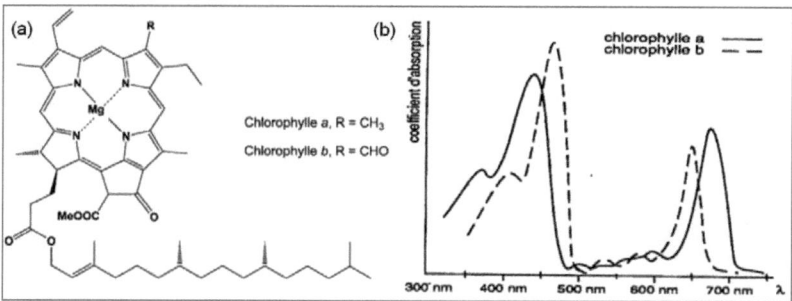

Figure 14: (a) Structure moléculaire des deux types de chlorophylle présentes dans les végétaux supérieurs. (b) Spectres d'absorbances des chlorophylles a (trait plein) et des chlorophylles b (trait tirets) de 350 à 750 nm.

Robert Porra a développé une équation permettant de quantifier distinctement les chlorophylles a et b contenues dans les plantes (Eq. 3).[60]

a) $[Chl\ a] = 12{,}25\ Abs663\ - 2{,}45\ Abs645$
b) $[Chl\ b] = 20{,}31\ Abs645\ - 4{,}91\ Abs663$
c) $[Chl\ a + Chl\ b] = 17{,}76\ Abs645\ + 7{,}34\ Abs663$

Equations 3 : Equations permettant le calcul des concentrations de chlorophylles a (éq. 3, a) de chlorophylles b (éq. 3, b) ou de chlorophylles total (éq. 3,c) à partir d'un extrait naturel dans une solution d'acétone à 80% par simple lecture d'absorbance.

La suspension de chloroplastes est diluée dans une solution d'acétone à 80% (v/v) et les valeurs d'absorbance à 663 nm et 645 nm sont relevées. La relation prenant en compte la concentration des chlorophylles a et chlorophylles b permet de quantifier la quantité de chlorophylles totale de l'extrait en µg.mL^{-1}.

La quantité de chlorophylles présente dans les extraits thylakoïdes dépend de facteurs non-contrôlables dont l'ensoleillement de la plante pendant sa période de croissance. En été, la plante synthétisera plus de chlorophylles pour lui permettre de mieux capter l'énergie solaire. Cette méthode de quantification de chlorophylles permet de quantifier la quantité de photosystème global utilisé. Dans notre réaction pour une bonne reproductibilité, la quantification exacte des photosystèmes (PSI et PSII) présents dans les membranes thylakoïdes devrait se faire par des extractions et des dosages beaucoup plus longs, ce qui n'est pas nécessaire car le photosystème actif dans notre réaction est un système complexe (PSII, PSI, cytochrome, ferrodoxine, ..) quantifiable par le taux de chlorophylle.

I.1.2.2 - Quantification des protéines dans les nanoparticules de silice

I.1.2.2.1 - Méthode

Nous avons lavé les nanoparticules de silice contenant les protéines directement en fin de synthèse. Les enzymes n'ayant pas été encapsulées restent dans les surnageants de lavage. Les particules qui précipitent dans le tube de synthèse sont séchées par lyophilisation. L'échantillon est congelé à -80 °C pendant 40 à 60 minutes puis transféré dans un lyophilisateur Heto PowerDry® LL1500 relié à une pompe Adixen Série I (2 étages 2005 I) permettant d'atteindre un vide moyen de 2.10^{-3} mBar et laissé une nuit. Les protéines présentes dans les surnageants de lavage sont dosées après purification du surnageant sur une colonne d'exclusion stérique. Les enzymes utilisées sont trop grosses pour entrer dans les pores du gel utilisé et elles sont rapidement éluées. Les composés chimiques ayant servi à la synthèse des nanoparticules et pouvant se retrouver dans le surnageant des synthèses sont retenus plus longtemps dans la colonne (Fig. 15).

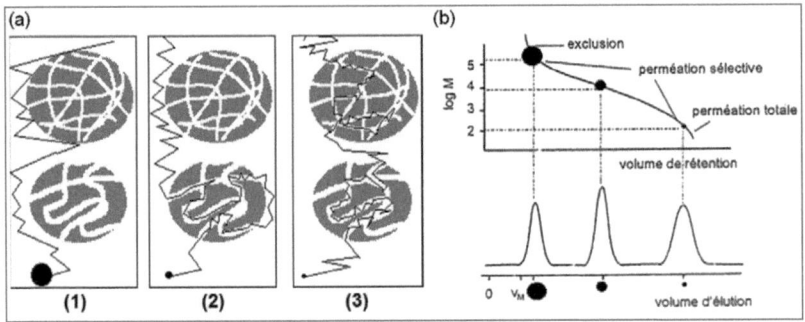

Figure 15 : (a) Schéma simplifié du principe de la chromatographie d'exclusion stérique. Le chromatogramme représente la séparation de 3 composés de tailles différentes en solution. (b) Les molécules ayant le plus grand volume hydrodynamique (1) arrivent en tête, suivies des molécules plus petites (2) et (3).

Le profil d'élution des protéines (Fig. 15-b) est obtenu par dépôt en tête de colonne d'une solution connue de poudre commerciale. Les fractions collectées sont séparées en échantillons qui sont ensuite dosés quantitativement par la méthode de Bradford. La quantité de protéines des différentes fractions permet de connaître la concentration de protéines dans le surnageant et, par différence, la quantité de protéines restant dans le matériau. En connaissant la masse de matériau synthétisé, on peut alors déterminer le taux de chargement des protéines dans le matériau (Eq. 4).

$$a) \ [enzymes]_{surnageant} = \frac{\sum_{2,5\ mL}^{4,3\ mL}([enzymes]_{fraction} \times V_{fraction})}{V_{déposé}}$$

$$b) \ \varphi = \frac{[enzymes]_{surnageant} \times V_{surnageant}}{m_{enzymes\ initial}} \times 100$$

$$c) \ taux\ de\ chargement = \frac{m_{enzymes\ initial} \times \varphi}{m_{matériau\ synthétisé}}$$

Equation. 4 : Calcul de la concentration de protéines du surnageant (éq.4, a), du taux d'encapsulation (φ) qui est calculé par rapport à la quantité de protéines initiale utilisée pour la synthèse (éq. 4, b) et du taux de chargement des protéines dans les nanocapsules (éq. 4, c).

I.1.2.2.2 - Application

Nous avons quantifié les protéines contenues dans les nanoparticules de silice par différence entre la quantité de protéines utilisées pour l'encapsulation et la quantité de protéines restante dans le surnageant après centrifugation et dans les eaux de lavage. Ces différentes eaux sont combinées et passées sur colonne d'exclusion stérique (Gel Sephadex® G25-Medium : polymère ramifié d'unités glucosidiques excluant toutes molécules de masse molaire supérieure à 5 000 g.mol[-1]) pour ne récupérer que les protéines. La colonne est préparée selon le protocole décrit par le fournisseur, le gel de dextrane est gonflé dans un tampon à 90 °C pendant 1 heure, chargé dans une colonne simple et laissé équilibré jusqu'à retour à température ambiante. La colonne contenant 10 mL de solution de particules de dextrane complètement gonflées est équilibrée par passage de 200 mL de tampon (phosphate de potassium 0,1 M, pH 7) à une vitesse de 10 mL.min[-1]. Le profil d'élution des protéines utilisées (Fig. 16-b) est obtenu par dépôt de 200 µL d'une solution contenant les 4 enzymes (FateDH, FaldDH, YADH, PTDH) dans les quantités utilisées initialement dans l'encapsulation. Les protéines sont quantifiées par la méthode de Bradford (Fig. 16-a).

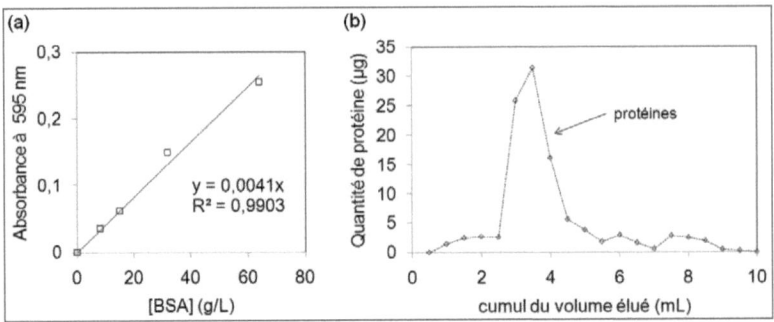

Figure 16 : (a) Courbe de calibration des protéines étalonnée par la méthode de Bradford. (b) Profil d'élution des protéines sur colonne d'exclusion Sephadex® G25-Medium.

Les enzymes contenues dans les surnageants de synthèses sont séparées de la même manière, les profils d'élution sont comparés à celui de référence de contenance maximale. Les enzymes sont éluées avec 10 mL de solution tampon à 5 mL.min^{-1}, des fractions de 0,5 mL sont collectées et la colonne est rincée par passage de 10 mL de solution tampon supplémentaire. Les différentes fractions sont dosées par le réactif de Bradford, la BSA étant utilisée comme protéine de référence pour la courbe de calibration (Fig. 16-b). Les protéines sont éluées entre 2,5 mL et 4,3 mL.

I.1.2.3 - Pureté des enzymes

L'électrophorèse en gel de polyacrylamide au laurylsulfate de sodium (SDS-PAGE) nous a permis de vérifier la pureté de l'enzyme que nous avons produite au cours des étapes de sa production. La protéine surexprimée au sein du laboratoire, la phosphite déshydrogénase, a été purifiée par chromatographie d'affinité sur colonne de nickel. Les étapes de purification et la pureté des échantillons, à plusieurs étapes de la production sont contrôlées par SDS-PAGE.[61] Pendant la préparation des échantillons les protéines sont dénaturées par chauffage à 95 °C et se dissocient en sous-unités. Le SDS est ajouté, car il se complexe aux différentes sous-unités par interactions hydrophobes, ce qui confère une charge négative aux protéines. Les protéines sont chargées sur un gel de polyacrylamide à 12% et sont ensuite séparées sous l'action d'un champ électrique constant (120 V) qui les fait migrer dans le réseau tridimensionnel du gel de polyacrylamide. Les protéines sont ensuite colorées pendant 1 heure par une solution au bleu de Coomassie, une solution d'éthanol acidifiée permet la décoloration du gel de polyacrylamide. Les détails techniques de compositions du gel et des différentes solutions utilisées sont décrits en annexe. Les poids moléculaires des protéines sont estimés par rapport au marqueur de taille utilisé (Fig. 17).

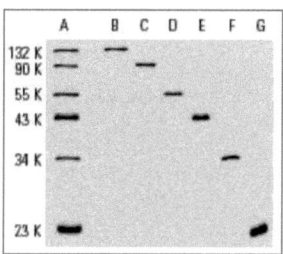

Figure 17 : Standards de poids moléculaires (Cruz Marker^{TM}) montrant le panel de marqueurs complets (A) et les marqueurs individuels de 132 kDa (B), 90 kDa (C), 55 kDa (D), 43 kDa (E), 34 kDa (F) et 23 kDa (G).

I.1.3 - Dosage des intermédiaires chimiques de la cascade enzymatique

Le dioxyde de carbone est réduit successivement en formiate puis en formaldéhyde et enfin en méthanol. Chacune de ces transformations implique des enzymes qui, en même temps, vont oxyder le cofacteur NADH en NAD$^+$. Cinq différentes molécules (CO_2, formiate, formaldéhyde, méthanol, NAD$^+$, NADH) doivent donc être quantifiées afin de définir toute la cascade enzymatique.

I.1.3.1 - Le CO_2

Le dioxyde de carbone est peu soluble dans l'eau pure. Comme tous les gaz, sa solubilité diminue avec la température et la force ionique, et augmente avec la pression.[62] Sous basse pression ($\leq$ 0,5 MPa), la solubilité du dioxyde de carbone suit la loi de Henry. En milieu aqueux, le CO_2 est hydraté et forme une petite proportion d'acide carbonique qui peut entraîner une variation de pH de la solution (constante d'hydratation du CO_2 dans l'eau pure : K_h = 2,5 10^{-4}).[63] Lorsque le CO_2 gazeux est solubilisé dans un milieu tamponné (pH > 5), il se décompose en bicarbonate et hydrogénocarbonate en fonction du pH de la solution. De la même façon, une solution de carbonate de sodium ou potassium acidifiée (pH < 6) entraînera la formation majoritaire de dioxyde de carbone gazeux dissous dans l'eau (Fig. 18).

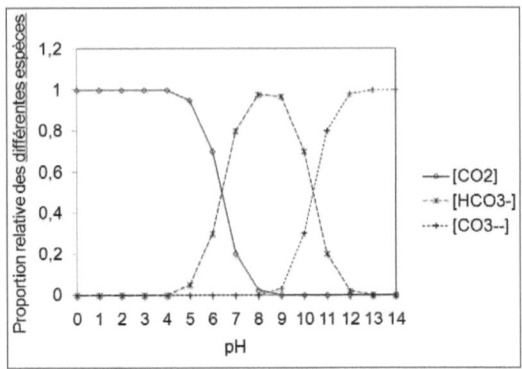

Figure 18 : Répartition des espèces carbonatées dans un milieu tamponné en fonction du pH de la solution.

La quantification du CO_2 gazeux présent dans l'eau est possible par analyse de l'espace gazeux après acidification de la solution, en chromatographie en phase gazeuse (CPG) avec une détection par conductivité thermique (TCD) ou par ionisation de flamme après méthanation (FID). Ce type d'analyse n'est pas propice à une étude cinétique (arrêt de la réaction, traitement analytique long et fastidieux). D'après Ansorge-Schumacher et ses collaborateurs, il est possible de suivre l'évolution des concentrations de CO_2 gazeux dans l'eau par mesures de pression.[64] Bien que cette méthode soit moins précise qu'une analyse en CPG, l'activité d'une enzyme produisant du dioxyde de carbone a pu être observée en temps réel pendant quatre heures. En Australie, S. Satienperakul et ses collaborateurs ont mis au point un procédé de détection du CO_2 en flux fermé avec une fiabilité de 95% par rapport à une analyse CPG couplée à un détecteur TCD.[65] Floate et Hahn ont montré que la détection simultanée du CO_2 et de O_2 dans un solvant non-aqueux est possible grâce à la mise au point d'un capteur électrochimique.[66] Les gaz présents dans une solution de diméthylsulfoxide (DMSO) sont réduits sur une microélectrode d'or (commercialement disponible), entraînant des variations de courant détectées par chrono-ampérométrie et voltamétrie cyclique. Le CO_2 possède une bande de vibration caractéristique en infrarouge (IR) qui peut être détectée avec un laser IR en cascade.[67] Ce rayonnement, couplé à un détecteur mercure cadmium tellurite (MCT) permet la détection spécifique du CO_2 dissous avec une précision maximale de 39 mg L^{-1} (0,0008 mol L^{-1}).

Nous n'avons pas pu nous procurer le matériel ou les appareillages nécessaires pour la détection du dioxyde de carbone dissous dans l'eau (détecteurs spécifiques, baromètre basse-pression). Nous avons donc cherché des méthodes alternatives pour vérifier la transformation du CO_2 par le système enzymatique en présence du NADH.

I.1.3.2 - Le cofacteur NADH

Le couple oxydo-réducteur NAD^+/NADH possède un maxima d'absorption commun à 260 nm, la forme réduite en possède un autre à 340 nm (Fig. 19) avec un coefficient d'absorption molaire égal à 6 220 L.mol^{-1}.[68]

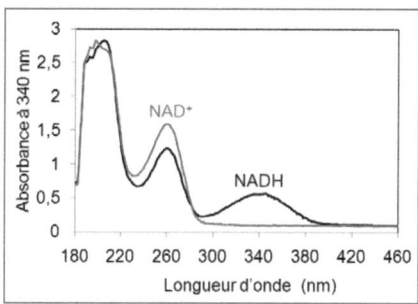

Figure 19 : Spectres d'absorption des cofacteurs NAD^+ (forme oxydée, courbe grise) et NADH (forme réduite, courbe noire) à 0,1 mM dans l'eau pure.

L'absorbance à 340 nm est proportionnelle à la concentration du cofacteur réduit (NADH). Même si le coefficient d'absorption molaire peut varier en fonction du milieu, la valeur de ε_{340nm} = 6 220 L.mol^{-1} est communément admise et permet de calculer des concentrations de NADH grâce à la relation de Beer Lambert. Les réactions, dans notre étude, ont étés suivies spectroscopiquement par apparition ou disparition du NADH à chaque fois que les conditions le permettaient. En effet, nous avons remarqué que le spectre d'absorbance du NADH évoluait en présence de dioxyde de carbone, ce qui peut fausser les résultats. Nous avons donc tenté de déterminer les différentes espèces résultant de l'interaction entre NADH et CO_2 dans l'eau afin de proposer un nouveau moyen de détection du NADH.

Le NADH possède également un pic de fluorescence en solution à 460 nm alors que la forme oxydée n'en possède pas.[69] Ces propriétés de fluorescence changent lorsque le cofacteur se fixe dans le site actif de l'enzyme. Il est alors possible de suivre l'évolution des bio-réactions. Nous n'avons pas utilisé cette technique.

Les formes oxydées et réduites du cofacteur sont aussi facilement détectables avec un détecteur à ionisation de flamme (FID). La difficulté que nous avons eu consistait à pouvoir séparer ces deux espèces très similaires sur une colonne chromatographique (partie 1.3.2.3). Nous avons également quantifié le NADH de façon classique, par mesure de l'absorbance en UV à 340 nm.

I.1.3.2.1 - Limitations désactivation naturelle du NADH

La forme biologiquement active du cofacteur (β-1,4-NADH) peut être inactivée par une réaction d'hydratation (Fig. 20-a) qui se traduit par une baisse d'intensité de l'absorbance à 340 nm et l'apparition d'une nouvelle bande à 290 nm (effet Cotton) ou par une réaction d'anomérisation (changement de configuration de la molécule de la forme α-NADH à la forme β-NADH). La réaction d'hydratation peut être inversée grâce à une enzyme, la glycéraldéhyde-3-phosphate déshydrogénase alors que l'anomère α de la molécule subie une modification acide irréversible menant à la désactivation du cofacteur (Fig 20-a).[70]

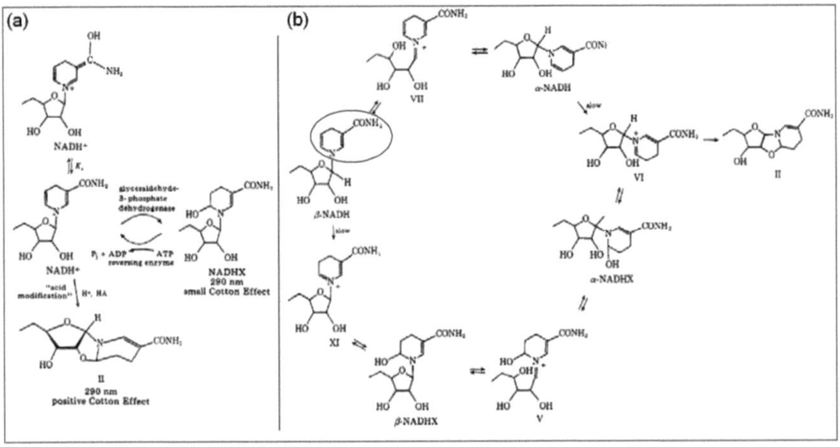

Figure 20 : Désactivation de la forme active du cofacteur. (a) Les deux modifications du NADH entraînent un effet Cotton, faible après hydratation (NADHX), fort après anomérisation (α-NADH). (b) Modifications successives du β-NADH par hydratation et anomérisation entrainant sa désactivation irréversible (II). Figure tirée de S.L. Johnson et al. Biochemistry, 1977.

Le cycle nicotinique (Fig. 20-b, entouré en rouge) est hydraté plus facilement en milieu basique, alors que la réaction d'anomérisation est prépondérante en milieu acide. Cette transformation entraîne une modification du spectre d'absorbance de la molécule en UV qui est connue sous le nom d'effet Cotton. L'intensité des pics d'absorption de la molécule à 260 nm et 340 nm diminue alors qu'une nouvelle bande d'absorption apparait à 290 nm. La barrière d'énergie de la réaction d'hydratation est plus haute que celle de l'anomérisation, ce qui explique que l'effet Cotton observé soit plus faible.[70] Nous avons incubé une solution de NADH (0,5 mM) dans des solutions tampon de phosphate de potassium à différents pH et observé une diminution de l'absorbance à 340 nm. Nous avons déterminé les vitesses de désactivation de la forme réduite biologiquement active du cofacteur (β-1,4-NADH, la seule forme qui absorbe à 340 nm) sur la gamme de pH étudié (Fig. 21). Les vitesses de réaction sont la moyenne de trois expériences menées en parallèle.

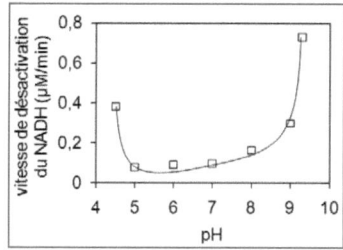

Figure 21 : Désactivation du NADH est prépondérante par anomérisation à pH<5 ou par hydratation à pH>7 .Essais à 27 °C dans un spectrophotomètre automatique à plaques pendant 30 minutes.

La disparition de la forme active du NADH est rapide dans un milieu tamponné acide (0,38 µM.min^{-1} à pH 4,5) ou basique (0,7 µM.min^{-1} à pH 9,3). Cependant, à pH 6-7, la disparition du NADH est minime avec une vitesse de disparition de 0,1 µM.min^{-1}. Il est tout de même nécessaire de comparer les profils de diminution d'intensité de la bande à 340 nm des réactions étudiées à des réactions sans enzymes ou sans substrats (« blancs de réaction »).

I.1.3.2.2 - Limitations interactions NADH-CO2

D'autre part, le CO_2 est connu pour se complexer de façon réversible avec les amines primaires, groupements présents sur la molécule NADH. Ces réactions de complexation des amines libres sont également possibles avec l'acide carbonique ou les carbonates (Fig. 22).[71]

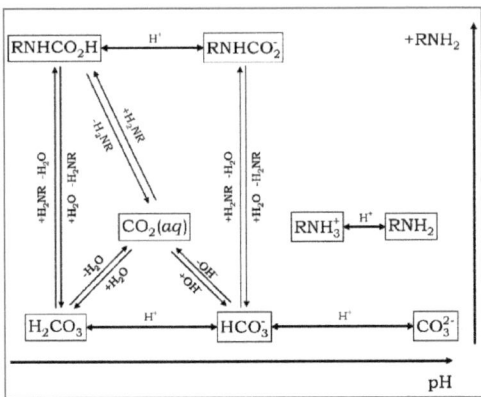

Figure 22 : Schéma réactionnel général incluant toutes les réactions possibles entre une amine et les espèces CO_2/carbonates. (→) Représente la protonation instantanée des espèces. (⇌) Représente les transformations cinétiques observables. Figure tirée de N. McCann et al, J Phys Chem A, 113, 17, 5022-5029.

Le cofacteur NADH qui possède deux amines primaires libres est susceptible de se complexer d'autant plus rapidement avec les molécules de CO_2 gazeux dissous par effet du rapprochement stérique des fonctions amines. Le CO_2 pourrait donc s'accumuler dans le milieu en se complexant avec le NADH, ce qui pourrait limiter les différentes désactivations détaillées auparavant. Nous avons pu observer que la bande d'absorption caractéristique du β-1,4-NADH disparaît d'autant plus rapidement en présence de CO_2 dissous. Nous avons vérifié ce phénomène en observant la variation d'absorbance de différentes solutions de β-1,4-NADH à 340 nm au cours du temps. Des cuvettes PMMA de 2 mL sont enroulées de papier aluminium pour protéger les solutions de l'exposition à la lumière. Le NADH (1,5 mL, 0,5 mM) est incubé sous atmosphère ambiante ou sous atmosphère saturée de CO_2 (V_{gaz} = 0,5 mL) et thermostaté à 37 °C pendant 24 heures. La proportion de volume gazeux est 25% (v/v) (Fig. 23).

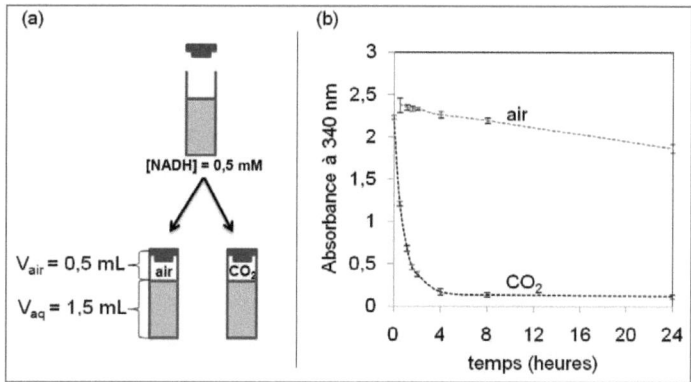

Figure 23 : Evolution de l'absorbance à 340 nm d'une solution de NADH (0,5 mM) non tamponnée à 25 °C en présence ou non de dioxyde de carbone pendant 24 heures. (a) Mise en place de l'expérience. (b) Disparition du pic d'absorbance caractéristique du NADH.

La vitesse de disparition de la forme active du NADH dans une solution non tamponnée à 37 °C (0,13 µM.min^{-1}) est comparable à celle dans une solution tamponnée à 25 °C (Fig. 23). Le pH des solutions est vérifié avec du papier pH à la fin de réaction, la valeur pH 6-7 est systématiquement la même. Lorsque le cofacteur est exposé à du dioxyde de carbone dissous dans une solution non tamponnée, la vitesse de disparition à 37 °C sur les deux premières heures de réaction est multipliée par un facteur 20 (2,49 µM.min^{-1}). Le même phénomène est observé à des températures plus basses. A 25 °C on observe une augmentation de la vitesse de disparition de 0,06 µM.min^{-1} à 1,33 µM.min^{-1} lorsque la solution est saturée de CO_2 (facteur 20).

Une deuxième série d'expériences vise à déterminer si la désactivation est le résultat d'une hydratation par catalyse acide ou provient d'une interaction du CO_2 avec le NADH. Les cuvettes PMMA de 2 mL sont protégées de la lumière par une couche de papier d'aluminium. Les solutions de NADH (1 mL, 0,25 mM) sont incubées dans de l'eau déionisée et soniquée sous trois différents types d'atmosphère (CO_2, air ambiant et un gaz inerte l'azote) pendant 42 heures à 25 °C. L'air ambiant contient 0,045% de CO_2 (450 ppm) qui est susceptible d'être solvaté par l'eau et d'interagir avec le NADH dissous. La proportion de volume gazeux dans la cuvette est de 50 % (v/v). Les variations d'absorbance sont observées de 220 nm à 420 nm (Fig. 24).

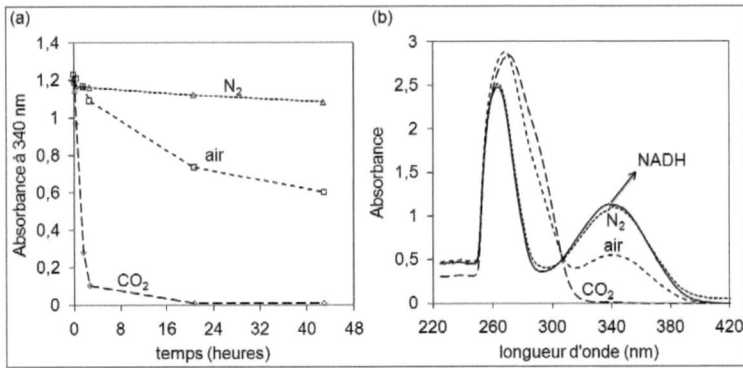

Figure 24 : (a) Cinétiques de disparition du pic d'absorbance caractéristique du NADH à 340 nm. (b) Spectres UV-Vis des solutions de NADH après 42 heures d'incubation sous différentes atmosphères.

La vitesse initiale de disparition du pic de NADH à 340 nm pendant la première heure et demi et sous atmosphère d'air ambiant est 0,09 µM min^{-1} est comparable aux vitesses de disparition lorsque le volume gazeux est réduit. Ceci tend à penser que cette diminution d'absorbance est cinétiquement limitée par la solvatation du dioxyde de carbone dans l'eau (Kh = 2,5 10^{-4} à 25°C).[63] Lorsque le CO_2 est présent, cette vitesse de disparition augmente d'un facteur 15 (1,5 µM.min^{-1}) mais est réduite en présence d'un gaz inerte comme l'azote (0,06 µM.min^{-1}). En présence d'un gaz inerte après 48 heures, la diminution d'absorbance de l'échantillon incubé en présence du gaz inerte est de l'ordre de 10%, alors qu'elle est de 55% lorsque l'échantillon est incubé avec de l'air et de 95% lorsqu' il est incubé avec du dioxyde de carbone. Le pH des solutions en fin de réaction, vérifié avec du papier pH, est identique dans les trois expériences. En utilisant du $KHCO_3$ comme source de CO_2 dans une eau déionisée, soniquée et tamponnée à pH 6,5, on observe une vitesse de disparition du pic à 340 nm similaire. Le $KHCO_3$ peut donc être utilisé à la place du CO_2 afin de mieux contrôler les quantités introduites de gaz dissous.

Ces deux phénomènes, désactivation et complexation avec les espèces carbonatées, ont dans tous les cas un effet à long terme (une heure de réaction) sur les spectres d'adsorption du NADH en UV-Vis. Il faut alors définir d'autres méthodes analytiques, lors d'études de transformation cinétiquement longues, que celle du suivi de la disparition du NADH par UV.

I.1.3.2.3 - Solutions de dosage du cofacteur enzymatique NADH

Pour la quantification du NADH dans des réactions enzymatiques rapides ou qui ne contient pas de CO_2, la méthode de dosage en UV est tout à fait adaptée. La calibration du spectrophotomètre automatique dont le trajet optique est inconnu, permet de déterminer la réponse du NADH pour chaque campagne de mesure (Fig. 25-a). La méthode élaborée en chromatographie phase gaz permet la séparation des deux formes (oxydées et réduites) du cofacteur. Le coefficient de réponse par le détecteur à ionisation de flamme a pu être déterminé (Fig. 25-b). Les mesures quantitatives sont possibles grâce à l'ajout d'un Etalon Interne (EI), le 1-pentanol. La solution d'EI ([pentan-1-ol] = $C_{pur}/1000$ = 9,2 mM) est mélangée à l'échantillon à analyser juste avant l'injection en GC-FID (1 :10 (v/v)).

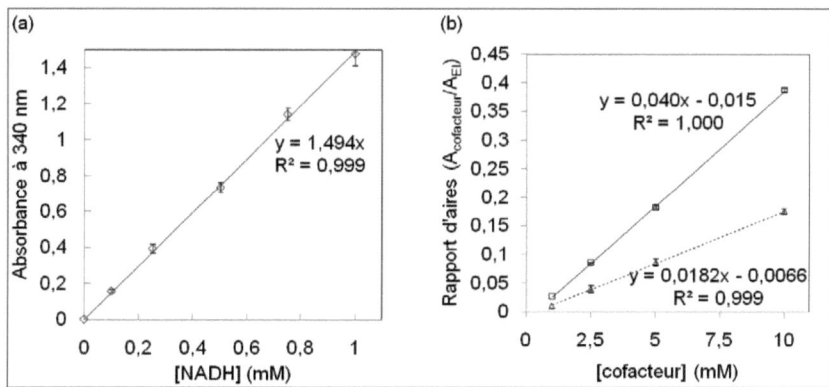

Figure 25 : Courbe de calibration du cofacteur dans une solution tampon phosphate de potassium (0,1 M, pH 7). (a) Par mesure d'absorbance à 340 nm. (b) Par GC-FID, forme réduite en ligne pleine, forme oxydée en pointillées.

Les seuils de détection sont de 0,37 mM et 0,36 mM pour NADH et NAD^+ respectivement. Les seuils de quantification sont les mêmes (1 mM pour les deux composés), trop faibles pour étudier la réaction de transformation du CO_2 en formiate. Concernant le pic de la forme réduite du cofacteur (NADH), les chromatogrammes ne nous permettent pas de différencier la forme biologiquement active (β-1,4-NADH) de l'énantiomère et de sa forme hydratée (α-1,4-NADH, NADHX, figure 20). La mesure d'absorbance à 340 nm reste la solution la plus adaptée à la plupart des études menées au cours de ce travail de thèse (sauf lorsque le NADH est incubé longuement en présence de CO_2).

I.1.3.4 - Dosage du formiate (HCOO⁻)

La réaction la plus complexe à étudier se trouve être celle réalisée par la première enzyme de la biotransformation qui catalyse la transformation du CO_2 en formiate et du NADH en NAD^+. L'étude des vitesses initiales doit pouvoir se faire dans un temps restreint pour ne pas altérer l'état dans lequel le système se trouve quand il est analysé. Nous avons testé de nombreuses méthodes de dosage pour pouvoir étudier précisément les constantes cinétiques liées à l'activité de cette enzyme.

I.1.3.4.1 - Méthodes enzymatiques

Pour le dosage du formiate, deux méthodes enzymatiques sont reportées utilisant la formyltétrahydrofolate synthétase et la formiate déshydrogénase.[72, 73] L'utilisation de l'enzyme formyltétrahydrofolate synthétase comme l'a fait J.C. Rabinowitz en 1978 peut difficilement être mise en œuvre car l'enzyme n'est pas commercialisée. Dans le seconde méthode, la formiate déshydrogénase immobilisée oxyde le formiate et génère du NADH. La concentration en NADH est proportionnelle à celle de formiate transformé. Le NADH peut être quantifié soit par son absorbance à 340 nm, soit par l'intermédiaire d'une diaphorase qui révèle un pigment coloré (le iodonitrotétrazolium violet, λ_{max} = 550 nm), l'absorbance étant proportionnelle à la quantité de formiate oxydé par l'enzyme. Cette méthode enzymatique ne peut pas être utilisée dans notre cas étant donné que nous étudions la réaction inverse réalisée par cette enzyme, la réduction du CO_2 en formiate. Nous avons alors testé d'autres moyens de détection du formiate ne s'appuyant pas sur l'utilisation d'enzymes, les méthodes de détection chromatographiques.

I.1.3.4.2 - Méthodes chromatographiques

Nous avons alors testé la chromatographie liquide ionique haute performance (HPLC) munie d'une résine échangeuse d'anions. Ces essais ont été effectués en collaboration avec le Dr. B. Prélot (ICGM - AIME) mais n'ont pas donné de résultats satisfaisant à cause des solutions tampons utilisées. La chromatographie ionique haute performance est utilisée pour séparer les différents constituants du système, la phase stationnaire est une résine échangeuse d'anion (Dionex CarboPac PA20), la phase mobile un tampon carbonate de sodium (2,7 mM Na_2CO_3 ; 0,3 mM $NaHCO_3$). Nous n'avons pas pu détecter le formiate en UV à 210 nm comme certains auteurs l'ont décrit.[74] En revanche, nous avons été en mesure de détecter et de quantifier le formiate par conductimétrie (Fig. 26-a).

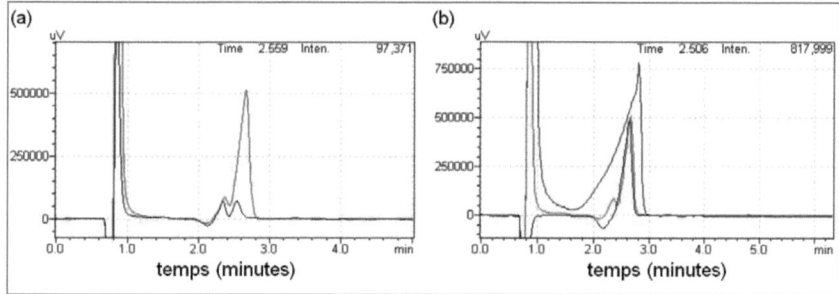

Figure 26 : (a) Quantification du formiate (tr = 2,5 minutes) par conductimétrie dans un tampon phosphate de sodium (HPO$_4^-$, tr = 2,3 minutes). (b) Effet de saturation du tampon phosphate dès 10 mM (noir 0,1 mM ; violet 1 mM ; bleu 10 mM).

La réaction de conversion du dioxyde de carbone en méthanol se fait dans un milieu tamponné, lors de l'analyse du formiate en présence du tampon utilisé lors des réactions enzymatiques, le détecteur conductimétrique est saturé par la présence des ions phosphate dés 10 mM (Fig. 26-b). Le pic chromatographique du formiate (tr = 2,5 min) est caché par celui des ions phosphates (tr = 2, 3 min). Pour pouvoir quantifier le formiate, nous avons réduit la concentration du tampon de 10 mM (bleu) à 1 mM (violet) et à 0,1 mM (noir). Nous avons ainsi déterminé le seuil de saturation du détecteur pour une concentration en ions phosphate de 10 mM, seuil au delà duquel la quantification du formiate est impossible. Il pourrait être possible d'éviter la présence des ions phosphate en utilisant une pré-colonne spécifique ou par extraction de l'acide formique en phase organique. Nous avons testé, sans succès, d'acidifier le milieu par HCl concentré pour transférer l'acide formique dans de l'éther de pétrole et ne plus avoir d'ions phosphate en présence. Le pouvoir tampon du couple $H_2PO_4^-/HPO_4^{2-}$ à 1 mM est insuffisant pour maintenir le pH du milieu réactionnel, cette méthode d'analyse ne convient donc pas à notre étude.

L'analyse directe du formiate en GC FID a été testée et s'est révélée impossible. En effet, le rapport $^{16}O/^{12}C$ de la molécule est trop important pour être détecté par ionisation de flamme.[75] La détection par spectroscopie de masse n'a pas pu non plus être appliquée à cause des quantités trop faibles de formiate obtenues. Pour palier à ce problème analytique, la solution envisagée a été la dérivation du formiate par le pentafluorobenzylbromide (PFB-Br) (Fig. 27) suivi d'une détection par spectrométrie de masse. Cette réaction de dérivation peut être catalysée par l'ajout d'un éther couronne (18C6) et de carbonate de potassium.[76]

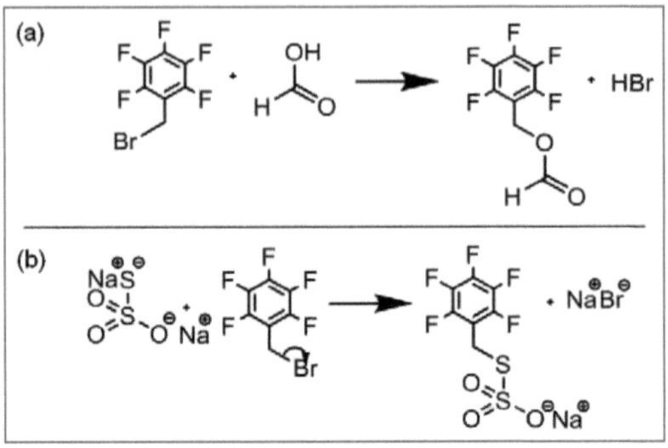

CHAPITRE I – Analyses et caractérisations

Figure 27 : Schéma réactionnel (a) de la dérivation de l'acide formique par le pentafluorobenzyl bromide (PFB-Br). (b) Schéma réactionnel de l'inactivation du PFB-Br en excès pour l'extraction organique du PFB-OCOH.

La procédure est simple et rapide. Dans un tube en verre, 400 µL de l'échantillon à doser tamponné à pH 6,8 est mélangé à 1 mL d'une solution de pentafluorobenzyl bromide (100 mM dans l'acétone). Le tube est homogénéisé par vortex cinq secondes et la solution laissée réagir une heure à 60 °C. Après refroidissement de la solution, l'étalon interne est ajouté (2 mL de 1,3,5-tri-bromobenzène (TBB) à 100 mM dans le n-hexane) ainsi qu'une pointe de spatule de sulfate de sodium. Les tubes sont centrifugés 15 min à 3 500 tr.min^{-1}, ou laissés décanter 30 min sur la paillasse. La phase organique est ensuite récupérée et injectée en chromatographie phase gaz avec détection par spectrométrie de masse. Nous avons injecté les échantillons pour établir la courbe d'étalonnage sur une colonne polaire (« SPB50 », Restek) et une colonne apolaire (« DB225 », Agilent). La réaction du PFB-Br avec le formiate pouvant être incomplète, nous avons décidé d'ajouter un catalyseur (K$_2$CO$_3$, 25 mM) activé par un éther couronne (18C6, 7 mM) qui capte sélectivement le potassium comme décrit par B. Davis.[77] La procédure de dérivation est la même que précédemment. La phase organique est récupérée par décantation et injectée en chromatographie phase gaz équipée d'une colonne polaire SPB50 et d'un détecteur par spectrométrie de masse (Fig. 28-a).

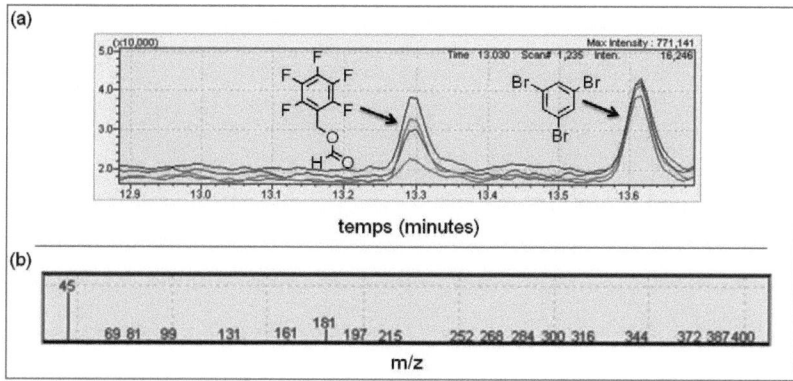

Figure 28 : Images extraites du logiciel montrant le profil d'élution du PFB-OCOH à 13,3 minutes et de l'étalon interne TBB à 13,6 minutes. (b) Spectre de masse du PFB-OCOH élué.

Dans le spectre de masse (Fig. 28-b), le pic à m/z = 45 correspond au formiate et celui à m/z = 181 au pentafluorobenzène. Le détecteur de masse configuré avec une source d'ionisation par impact électronique n'est pas en mesure de détecter le pic moléculaire à m/z = 226 du complexe. Nous n'avons pas pu observer de proportionnalité entre la quantité de formiate dans l'échantillon de départ et le rapport des aires (Aire$_{PFB-OCOH}$/Aire$_{TBB}$) pour des concentrations allant de 0,1 mM à 5 mM. Cela est probablement dû aux nombreuses étapes d'isolation du composé d'intérêt, la dérivation, la désactivation et l'extraction.

I.1.3.4.3 - Réaction colorimétrique avec l'acétamide

La détection du formiate peut être aussi suivie par UV avec la formation d'un complexe rouge absorbant à 510 nm ; le formiate réagit spécifiquement avec un mélange d'anhydride acétique et d'acétamide contenue dans une solution alcaline d'isopropanol.[78] La réaction du formiate avec l'anhydride acétique est réalisée dans des tubes Eppendorf de 1,5 mL. Un volume de 110 μL d'une solution standard de formiate est ajouté à 200 μL d'une solution de propan-2-ol contenant de l'acétamide (0,1 g) et de l'acide citrique (5 mg) fraîchement préparée puis 700 μL d'anhydride acétique conservé à 4 °C et 10 μL d'une solution d'acétate de sodium (30 % w/v) juste préparée pour le dosage. Après 2 h de réaction à température ambiante, l'absorbance à 510 nm est mesurée et la courbe de calibration tracée (Fig. 29).

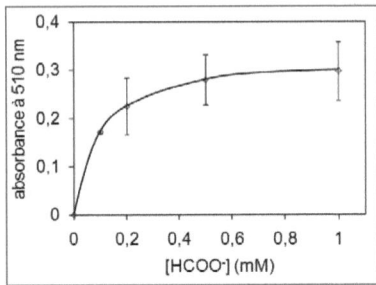

Figure 29 : Dosage du formiate par réaction colorimétrique avec l'acétamide.

Cette technique de détermination a été développée pour quantifier le formiate dans un milieu de fermentation pour des concentrations allant de 0,5 mM à 15 mM. Nous avons pu détecter le formiate dès 0,1 mM, mais la courbe de calibration n'est pas linéaire à faible concentration. Les vitesses initiales des réactions doivent être déterminées après un court temps de réaction, la méthode analytique doit être en mesure de quantifier de très petites concentrations, ce qui n'est pas possible par cette méthode de dosage. Nous nous sommes attachés à trouver une méthode d'analyse présentant moins de déviations avec la méthode spectroscopique.

I.1.3.4.5 - Conclusion pour le dosage du formiate

Parmi les méthodes existantes pour quantifier le formiate, les deux méthodes enzymatiques présentées ne sont pas applicables à notre étude. Les traces de formiate formées par l'enzyme formiate déshydrogénase à partir du CO_2 sont inférieures aux seuils de quantification obtenus par les méthodes chromatographiques. La variation de la concentration de formiate est cependant quantifiable pour des études de l'enzyme en oxydation. De même, la gamme de concentration détectée par réaction colorimétrique n'est pas linéaire aux faibles concentrations. L'activité de la formiate déshydrogénase en réduction peut tout de même être mesurée en combinant l'action de la formaldéhyde déshydrogénase (Chapitre 2) qui convertit le formiate en formaldéhyde, à condition de pouvoir quantifier de très faibles concentrations de formaldéhyde.

I.1.3.5 - Dosage du formaldéhyde (HCHO)

Le formaldéhyde peut être détecté à l'état de traces par la réaction de Nash[79] qui fait réagir le formaldéhyde avec l'acétylacétone et un acétate d'ammonium, mélange appelé le réactif de Nash. La réaction dure vingt minutes à 60 °C, elle permet la formation du diacétyldihydrolutidine (DLL) qui possède un pic d'absorption caractéristique à 412 nm (Fig 30).

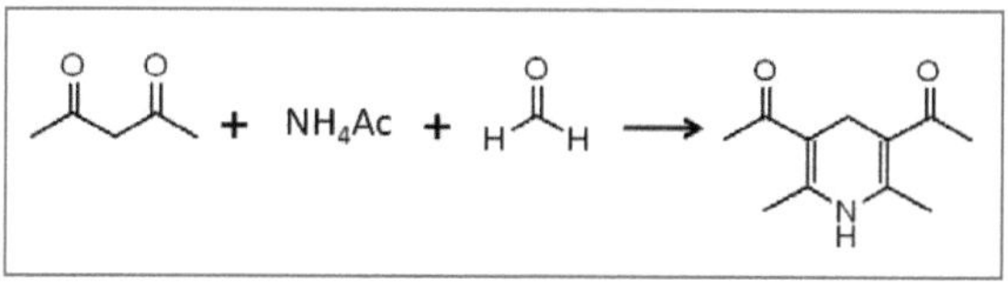

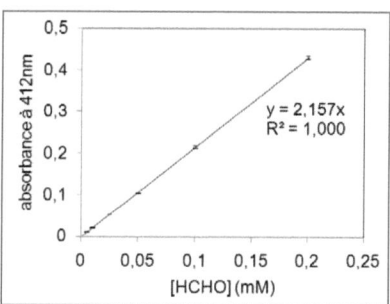

Figure 30 : Schéma réactionnel de formation du DLL dans la réaction de Nash.

Cette réaction colorimétrique est complète à pH 6 mais peut être conduite entre pH 4 et pH 8. La sensibilité de l'ordre du µM et la grande stabilité du composé obtenu en font la meilleure méthode de détection. La composition du réactif de Nash (acétylacétone + acétate d'ammonium) est susceptible de varier pendant sa préparation. Pour chaque réaction analysée, nous avons systématiquement préparé des solutions de réactif de Nash « fraîches » et fait l'étalonnage avec le formaldéhyde. Les coefficients de corrélation obtenus sont très réguliers, avec un coefficient de corrélation linéaire toujours égal ou supérieur à $r^2 = 0,999$. La composition précise du réactif de Nash est un mélange d'acétylacétone (0,02 M), d'acétate d'ammonium (2 M) et d'acide acétique (0,05 M) dans de l'eau déionisée. Les échantillons à analyser (typiquement 200 µL) sont mélangés au réactif de Nash (1 :1 v/v) et laissés réagir 15 min à 60 °C. Après refroidissement des différents échantillons, 600 µL d'eau déionisée sont ajoutés et l'absorbance est relevée à 412 nm (Fig. 31).

Figure 31 : Calibration du HCHO par le réactif de Nash.

Cette méthode de quantification est tout à fait appropriée, car spécifique pour le formaldéhyde. Le complexe coloré formé est stable dans le temps et la reproductibilité très satisfaisante. La limite de détection se situe à 1 µM et la limite de détermination à 5 µM.

D'autre part, le formaldéhyde est visible par détection FID, mais tout comme le formiate, la valeur du ratio $^{16}O/^{12}C$ de la molécule est encore trop grande pour pouvoir la quantifier à de faibles concentrations. De plus, avec la haute température et la présence d'eau dans l'injecteur de la colonne chromatographique, le formaldéhyde polymérise. Nous avons observé une augmentation du bruit de fond des chromatogrammes lors d'injections répétées de formaldéhyde en CPG-FID. Cela entraîne une augmentation des seuils de détection de tous les composés analysés et n'est donc pas recommandé.

I.1.3.6 - Dosage du méthanol (CH_3OH)

La dernière réaction qui finit la cascade enzymatique est la réduction du formaldéhyde en méthanol par l'enzyme alcool déshydrogénase. Le méthanol peut avoir un effet dénaturant sur les protéines, on doit pouvoir le quantifier à des seuils inférieurs à ceux qui mènent à la désactivation des enzymes. Le coefficient de réponse du méthanol par détection FID est plus important que celui du formaldéhyde (rapport $^{16}O/^{12}C$ plus petit) et permet sa quantification à de faibles seuils de détection. La quantification en chromatographie phase gaz par un détecteur à ionisation de flamme est possible jusqu'à de faibles concentrations (0,05 mM). Il faut néanmoins pouvoir séparer les différents composés présents dans les mélanges réactionnels : cofacteur (réduit ou oxydé, ($NADH/NAD^+$)), formaldéhyde, formiate. Le tampon utilisé, le phosphate de potassium ne contenant pas d'atomes de carbone, n'interfère pas car ne présente pas de signal en FID. Le méthanol est quantifiable avec un détecteur à spectrométrie de masse après séparation sur une colonne polaire en chromatographie phase gaz, néanmoins la sensibilité de ce type de détection aux faibles concentrations n'est pas suffisante.

Différentes polarités de colonnes ont été testées, seule une colonne polaire « CB WAX 52 CB » (Agilent) nous a permis de séparer les composés principaux contenus dans les échantillons (cofacteur, formiate, formaldéhyde) du méthanol. Le pic chromatographique correspondant au méthanol à une allure Gaussienne (Fig. 32). La courbe de Van Deemter qui représente la variation de la hauteur équivalente à un plateau théorique (HEPT) en fonction de la vitesse du flux du gaz vecteur permet de déterminer le flux optimum pour avoir le pic chromatographique le mieux défini (pic fin à allure Gaussienne).[80]

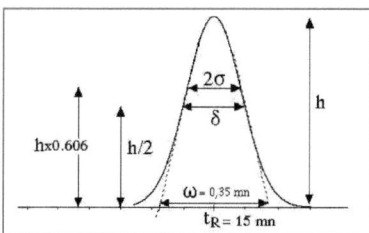

Figure 32 : Allure Gaussienne d'un pic chromatographique : t_R le temps de rétention du pic et ω la largeur extrapolée du pic, δ la largeur à mi-hauteur du pic, h la hauteur du pic, 2σ la largeur du pic aux 2/3 de la hauteur et A l'aire du pic.

Trois équations[81] permettent de calculer le nombre de plateaux théoriques (N). Nous avons choisi de calculer le nombre de plateaux théoriques en utilisant la base extrapolée du pic ω (Eq. 5).

$$(a)\ N = 16 \times \left(\frac{t_r}{\omega}\right)^2 ; (b)\ N = 5{,}54 \times \left(\frac{t_r}{\delta}\right)^2 ; (c)\ N = 16 \times \left(\frac{h_p t_r}{A}\right)^2$$

Equation 5 : Méthode de calcul du nombre de plateaux théoriques pour une colonne chromatographique. Grâce à la base extrapolée du pic (a) à la largeur du pic à mi-hauteur (b) ou à l'aire du pic (c). Avec t_r le temps de rétention du pic et ω la largeur extrapolée du pic, δ la largeur à mi-hauteur du pic, h_p la hauteur de pic et A l'aire du pic chromatographique.

La hauteur équivalente en plateaux théoriques (HEPT) se calcule simplement en divisant la longueur de la colonne par le nombre de plateaux théoriques (Eq. 6).

$$HEPT = \frac{L}{N}$$

Equation 6 : Calcul de la hauteur équivalente en plateaux théoriques (HEPT).

Le problème que nous avons eu en utilisant la chromatographie en phase gaz a été la séparation des petites molécules organiques volatiles très similaires. Le pic d'intérêt, celui du méthanol doit être parfaitement défini pour permettre une quantification rigoureuse. La courbe de Van Deemter est tracée dans des conditions fixées : volume d'injection = 1 μL et température d'injection = 230 °C. Le programme en température du four est : 50 °C pendant 3 minutes, montée en température de 50 °C à 230 °C (20 °C min^{-1}) et 230 °C pendant 5 minutes. La température du détecteur par ionisation de flamme = 250 °C. Les conditions chromatographiques ainsi optimisées, la détection de la molécule d'intérêt, le méthanol, est alors optimale. Nous avons fait varier la vitesse du gaz vecteur et tracé la courbe de Van Deemter du méthanol (Fig. 33-a), le flux optimal doit être choisi à peine supérieur à celui dont le HEPT est minimum, nous l'avons fixé à 1,4 mL min^{-1} et tracé la courbe de calibration du méthanol par détection FID (Fig. 33-b).

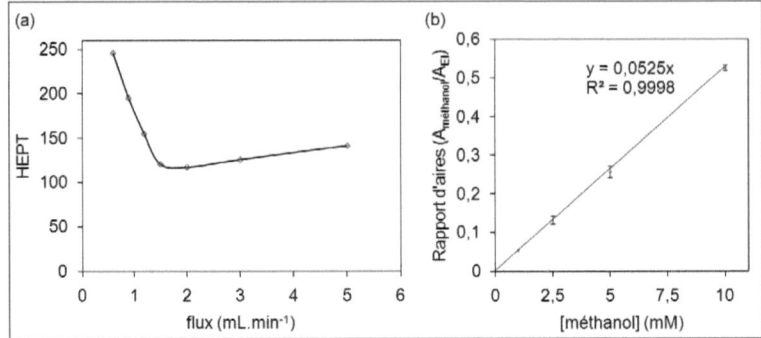

Figure 33 : (a) Courbe de Van Deemter représentant la hauteur équivalente en plateaux théoriques en fonction de la vitesse du gaz vecteur. (b) Calibration du méthanol par GC-FID.

Les pics étant toujours bien déterminés, la courbe de calibration du méthanol est linéaire de 1 à plus de 10 mM. Le seuil de détection du méthanol se situe à 0,05 mM, celui de quantification à 0,2 mM.

Nous avons également vérifié qu'aucun des intermédiaires de la cascade enzymatique n'interfère avec le pic chromatographique servant à la quantification du méthanol. Des solutions composées de l'étalon interne (1-pentanol, 9,2 mM), de NADH (10 mM), de NAD$^+$ (10 mM), de HCHO (10 mM) et de méthanol (10 mM) ont été injectées en GC-FID (Fig. 34).

CHAPITRE I – Analyses et caractérisations

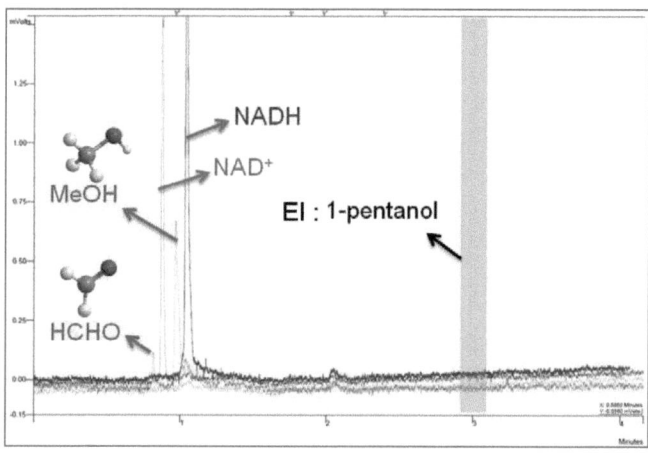

Figure 34 : Superposition des chromatogrammes de solutions de formaldéhyde, méthanol, NAD^+, NADH et de l'étalon interne, le 1-pentanol.

Les différents chromatogrammes sont superposés au moyen du logiciel VarianStarChromatography. Chacun des pics chromatographiques est différencié et ne se superpose à aucun autre. La méthode chromatographique est donc appropriée pour le dosage des intermédiaires de la cascade enzymatique tels que le formaldéhyde, le méthanol, le NAD^+, le NADH. Seul le formiate n'est pas détectable par cette technique.

I.1.3.6 - Conclusion dosages

Bien que certaines des molécules de la cascade enzymatique ne puissent pas être dosées spécifiquement et de manière précise à de faibles concentrations (le CO_2, le formiate) la mise en place des dosages précis pour les autres composés nous a permis d'étudier précisément la cascade enzymatique. La réduction du CO_2 par la formiate déshydrogénase a été démontrée par la détection, avec le réactif de Nash, du formaldéhyde produit en cascade par la formaldéhyde déshydrogénase. La consommation du formiate par la formaldéhyde déshydrogénase a été démontrée par la détection, en GC-FID, du méthanol en cascade grâce à l'action conjugué de l'alcool déshydrogénase. L'étude des enzymes séparées est également possible grâce aux propriétés d'absorbance du NADH à 340 nm lorsque des réactions témoins sont menées en parallèle. Les enzymes sont ensuite immobilisées dans des matériaux (Chapitre 3) qui sont analysés et caractérisés par différentes méthodes physico-chimiques.

I.2 - Caractérisation des matériaux

Les enzymes ont été encapsulées par la suite dans des nanocapsules de silice, dont la synthèse sera décrite par la suite et les matériaux ainsi obtenus ont été caractérisés par diffraction des rayons X, adsorption d'azote, analyse thermogravimétrique, microscopie électronique à balayage, à transmission et tomographie structurale. Les observations par MET, MEB et tomographie nous ont donné les informations morphologiques nécessaires à la compréhension de la formation des différents matériaux.

I.2.1 - Diffraction des rayons X (DRX)

Les diffractogrammes ont été réalisés sur un diffractomètre BRÜKER D8 Advance. Les rayons X diffractés correspondent à la raie $K\alpha 1$ du cuivre de longueur d'onde $\lambda = 1,5406$ Å. L'appareil est équipé d'un détecteur BRÜKER Lynx Eye. Le montage est de type Bragg-Brentano : l'échantillon a une orientation fixe par rapport au vecteur de diffraction. L'angle d'incidence du faisceau sur la poudre est appelé θ et l'angle entre le faisceau incident et le faisceau détecté est 2θ. Ce montage est en configuration θ-θ : l'échantillon reste fixe tandis que le tube et le détecteur bougent de manière symétrique d'un angle θ. Les diffractogrammes sont effectués dans une fenêtre d'angles 2θ de 0,5 à 6°. La variation d'angle θ s'opère par pas de 0,0197° toutes les 0,2 s. La taille moyenne des cristallites est déterminée par la formule de Scherrer (équation 7) qui lie directement la largeur à mi-hauteur d'un pic de diffraction à la taille des domaines cohérents :

$$D_{hkl} = \frac{K \times \lambda}{\cos(\theta) \times \sqrt{L^2 - s^2}}$$

Équation 7 : D(hkl) correspond à la dimension des cristallites, K au facteur de forme (pris égal à 0,89), λ à la longueur d'onde de la raie Kα1 du cuivre (λ = 1,5406 Å), θ à la position du pic, L à la largeur à mi-hauteur du pic et s à la largeur à mi-hauteur d'un pic étalon, choisi à proximité du pic considéré.

L'étalon externe possède une taille de cristallite supérieure à 2000 Å. L'échantillon de référence utilisé comme étalon est un monocristal de corindon (BRÜKER AXS Korundprobe 51,5 x 8,5).

I.2.2 - Diffraction de lumière polarisée et potentiel Zeta

Les mesures de distribution de taille des particules siliciques ont été effectuées sur un appareil Zetasizer Nano ZS90 (Malvern). Les biomatériaux (0,5 mg.L^{-1}) sont dispersés par ultrasons pendant 30 secondes dans une solution tampon à différents pH (Hepes, HCl, 0,1 M). Les mesures de potentiel Zeta sont faites sur le même appareil (Zetasizer Nano ZS90 (Malvern)) dans une solution saline ([NaCl] = 0,1 M) tamponnée à pH 7 (Hepes/HCl, 0,1 M).

I.2.3 - Manométrie d'adsorption d'azote

Les isothermes d'adsorption et de désorption d'azote à 77 K ont été réalisés sur un appareil MICROMERITICS ASAP 2020. Préalablement à l'analyse, l'échantillon (environ 100 mg) est dégazé sous vide (400 µBar), à 80 °C pour ne pas détruire les biomatériaux, pendant six heures afin d'éliminer les espèces physisorbées à la surface du solide.

La détermination de la surface spécifique s'effectue par la méthode S. Brünauer, P.H. Emmett et E. Teller (BET)[82]. Dans le cas des solides mésoporeux, la distribution de la taille des pores est déterminée par la méthode de Broekhoff-de Boer.[83]

I.2.4 - Microscopie électronique à balayage (MEB)

L'échantillon, préalablement broyé, est fixé sur des plots métalliques à l'aide d'adhésif double face carbone et de colles conductrices. L'échantillon est ensuite métallisé par pulvérisation de platine. Les observations sont réalisées sous un microscope électronique à balayage à effet de champ HITACHI 4800S d'une résolution maximale de 1 nm.

I.2.5 - Microscopie électronique en transmission (MET)

Après broyage, le matériau est dispersé par ultrasonication dans de l'éthanol absolu. Une goutte de ce mélange est déposée sur une grille (Copper Holey / Lacey Carbon). L'éthanol est ensuite évaporé. Des échantillons ont aussi été préparés par coupe ultra-microtomique de 50 nm d'épaisseur inclus dans une résine acrylique (LR WHITE) et par cryo-ultramicrotomie. Les observations sont réalisées sur un microscope électronique à transmission JEOL 1200 EX II muni d'un canon à électrons à émission thermo-ionique à une tension d'accélération de 100 kV. Les clichés sont obtenus sur plan film ou par caméra CCD (Olympus Quemesa 12 MPixels) avec un grossissement pouvant atteindre 300 000 fois pour une résolution maximale de 5 Å.

I.2.6 - Cryo MET 3D

Les expériences en tomographie électronique ont été effectués à Strasbourg par O. Ersen et S. Moldovan. Les observations ont été effectuées sur un microscope électronique à transmission JEOL 2100F muni d'un canon à électrons à émission thermoionique d'une tension de 200 kV. Le microscope est équipé d'un correcteur de sonde et d'un filtre à énergie Tridiem GATAN. Les nanocapsules de silice contenant les enzymes ont été dispersées dans de l'eau pure et soniquées quelques minutes. Une à cinq gouttes de la suspension ont été déposées sur une grille de cuivre recouverte d'une membrane de carbone rendu hydrophobe par traitement/lavage plasmodique H_2/Ar. L'échantillon a été plongé dans un mélange éthanol/azote liquide à 77 K comme pour des échantillons biologiques. La morphologie du matériau pouvant changer sous le flux d'électrons, différentes durées d'exposition et puissances du flux d'électrons ont été testées. Une fois les conditions d'analyse définies, deux séries tomographiques sont recueillies en pivotant l'échantillon de +/- 60° avec capture d'image tous les 2°. Les images ont étés alignées en utilisant l'algorithme de corrélation croisée du logiciel IMod. Les reconstructions sont faites par le logiciel TOMOJ et les résultats recalculés 10 fois (10 itérations). L'analyse quantitative et les visualisations sont faites grâce au logiciel ImageJ.

CHAPITRE II – Étude des systèmes biologiques utilisés

La conversion biocatalytique du CO_2 en méthanol par des réactions en cascade est réalisée par trois enzymes. Ces enzymes doivent être étudiées pour permettre la compréhension du système. La régénération du cofacteur NADH fait partie intégrante du procédé car elle permet d'augmenter les rendements de conversion du CO_2. Ce chapitre fera état de l'étude de chacune des enzymes utilisées lors de ce travail de thèse ainsi que l'étude des différents systèmes de régénération étudiés. Le travail d'optimisation systématique sera également abordé ainsi qu'une brève introduction à la stabilisation d'enzymes par greffage chimique de chaines polyéthylèneglycols.

II.1 - Les enzymes de la biotransformation

L'étude de systèmes biologiques implique une connaissance précise des poudres enzymatiques utilisées et une étude rigoureuse des paramètres décrivant le biocatalyseur s'impose. L'enzymologie est simplement définie comme l'étude des enzymes. C'est l'analyse de la spécificité de substrat et de la sélectivité des réactions enzymatiques, la compréhension des mécanismes catalytiques impliqués et de leur vitesse. Dans le système international, les activités enzymatiques sont décrites en unités (U, en $\mu mol.min^{-1}$) qui correspondent au nombre de moles de substrat transformé par minute. Une activité catalytique ($U.mg^{-1}$) est le rapport d'unité par milligramme de protéine souvent assimilé à la masse de poudre enzymatique commerciale utilisée.

II.1.1 - Rappels de cinétique enzymatique

C'est en 1913 que Michaelis et Menten décrivent, pour la première fois, un modèle cinétique pour la compréhension des mécanismes enzymatiques.[84] Le modèle le plus simple repose sur l'existence d'un complexe ES, assimilé à un état de transition, constitué de l'enzyme E et de son substrat S (Fig. 35).

$$E + S \underset{k_{-1}}{\overset{k_1}{\rightleftarrows}} ES \underset{k_{-2}}{\overset{k_2}{\rightleftarrows}} E + P$$

Figure 35 : Schéma illustrant la théorie de Michaelis et Menten, l'enzyme (E) et son substrat (S) forment un complexe (ES) qui transforme le substrat en produit (P).

D'après la théorie de Michaelis et Menten, le complexe ES atteint rapidement un état quasi stationnaire d(ES)/d(t)=0 pendant lequel la vitesse de formation du produit est linéaire. Cette approximation de l'état quasi stationnaire (AEQS) permet de simplifier les équations de vitesse, notamment lors d'études d'enzymes à plusieurs substrats. Lineweaver et Burk ont ensuite développé des équations mathématiques spécifiques permettant de définir les constantes d'affinité et de dissociation des substrats pour les enzymes.[85] La constante de dissociation du complexe ES est appelée constante de Michaelis (Km), celle d'affinité du substrat pour l'enzyme est notée K_S. Lineweaver et Burk[85] ont linéarisé ces équations et décrit une représentation complexe appelée représentation en double inverse. Cette représentation permet, lors de mécanismes enzymatiques à plusieurs substrats, de déterminer le mécanisme de l'enzyme considérée ainsi que les différents paramètres cinétiques associés.

Toutes les enzymes utilisées dans cette étude sont des déshydrogénases qui emploient un cofacteur enzymatique pour transformer leur substrat. Elles forment un complexe ternaire enzyme/substrat/cofacteur et obéissent à des cinétiques complexes dites à deux substrats (Fig. 36).

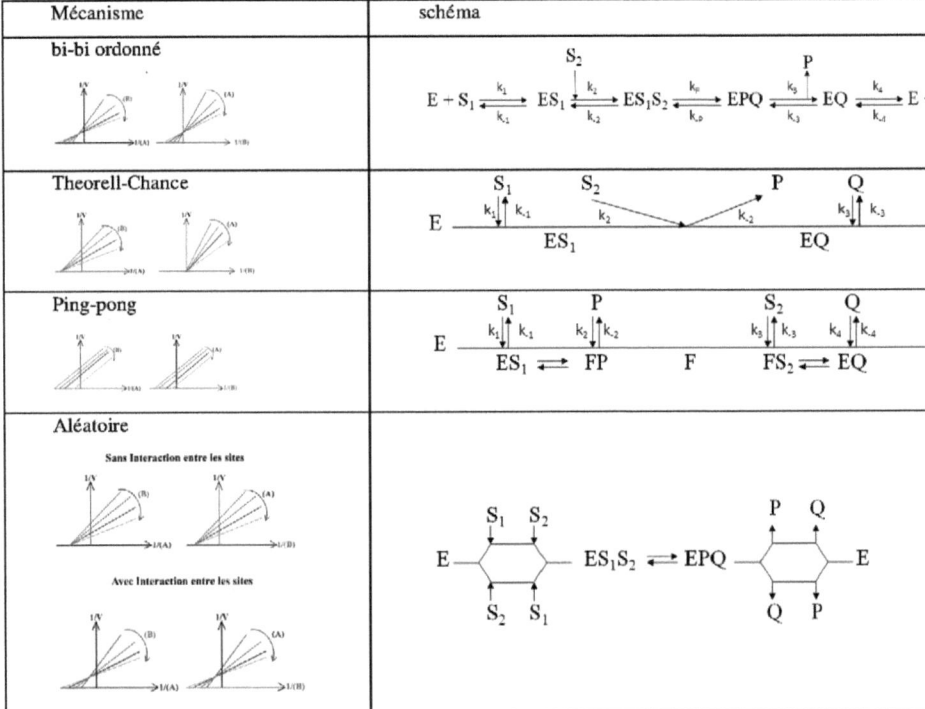

Figure 36 : Tableau représentatif des 4 mécanismes à deux substrats que peuvent réaliser les enzymes.

Il existe quatre principaux mécanismes à deux substrats dont les équations de vitesses sont données en annexes. Le premier, le mécanisme bi-bi ordonné est un mécanisme séquentiel, dans lequel le substrat (S1) et le cofacteur (S2) se fixent dans un ordre précis dans le site actif de l'enzyme (E), et les produits sont relargués de façon définie également. Le second, le mécanisme de Theorell-Chance est proche du bi-bi ordonné ; dans ce cas le complexe ES1S2 n'existe pas, le substrat S2 est directement transformé en produit P. Le troisième, le mécanisme ping-pong est appelé ainsi du fait de son oscillation entre deux formes de l'enzyme : l'une native (E), l'autre étant modifiée par le positionnement du substrat S1 (F). Le quatrième mécanisme est aléatoire, il s'éloigne d'un comportement Michaelien classique du fait de la fixation et de la libération complètement aléatoire des substrats et produits.

Nous avons donc vérifié les mécanismes de chacune des enzymes utilisées et déterminé les différents paramètres cinétiques dans les conditions spécifiques choisies pour la biotransformation.

Les enzymes utilisées ont un pH de travail optimum, pour une même enzyme, le pH optimum sera différent selon si l'enzyme réalise une réaction d'oxydation ou de réduction (un milieu plus alcalin sera plus favorable pour des réactions d'oxydations). Nous avons étudié la variation d'activité des enzymes en fonction du pH pour chacune des enzymes. Dans le cas des trois déshydrogénases utilisées pour la conversion du dioxyde de carbone en méthanol, nous avons voulu étudier les deux types de réaction (oxydation et réduction).

II.1.2 - Etude des enzymes de la cascade de réduction

Les enzymes sont caractérisées par un numéro de classification numérique (EC x.x.x.x). Le premier x donne le type de réaction chimique réalisé (« 1 » pour les réactions d'oxydo-réduction), le deuxième donne le type de donneur d'électron ou de proton (« 1 » pour les alcools, « 2 » pour les acides, aldéhydes et cétones), le troisième le type d'accepteur (« 1 » pour les dérivés nicotinique) et le dernier nombre donne la sous-classe de l'enzyme. Les enzymes utilisées pour la biotransformation sont la formiate déshydrogénase de *Candida Boidinii* (désignée FateDH, EC 1.2.1.2), la formaldéhyde déshydrogénase de *Pseudomonas Putida* (désignée FaldDH, EC 1.2.1.46) et l'alcool déshydrogénase de *Saccharomyces cerevisiae* (désignée YADH, EC 1.1.1.1).

II.1.2.2 - Dosage des protéines dans les poudres enzymatiques commerciales.

Le dosage des poudres enzymatiques commerciales est effectué par la méthode BCA (par réaction avec l'acide dicinchoninique). La composition exacte en protéine des poudres commerciales étant inconnue, nous avons choisi d'utiliser le type de dosage qui présente les plus petites variations vis-à-vis de certains adjuvants couramment utilisés pour purifier les protéines (détergeants, stabilisants, ...). Le kit de dosage commercial (*Kit Thermo Scientific, Pierce BCA Protein Assay Kit*) est calibré avec l'albumine de sérum bovin (BSA) de 0 µg à 6 µg (Sigma #A3675) (Fig. 3-a). La concentration et la quantité de protéines (Fig. 37-b), est calculée par dosage de trois solutions de concentrations différentes. Les solutions de poudres enzymatiques commerciales sont préparées à partir d'une solution de 100 mg$_{poudre\ enzyme\ commerciale}$.L^{-1} sont diluées à 1/5, 1/7,5 et 1/15, ce qui correspond à 20, 40 et 60 µL dilués dans 300 µL, respectivement (Fig. 37-b).

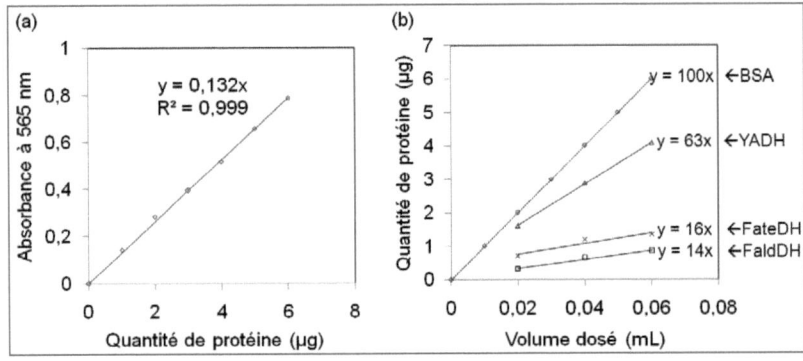

Figure 37 : (a) Courbe d'étalonnage du dosage par la méthode BCA, la BSA est utilisée comme protéine de référence. (b). Dosage des solutions de poudres enzymatiques commerciales (BSA , YADH , FateDH , FaldDH). Le coefficient directeur des droites obtenues est proportionnel à la concentration de la solution de référence de BSA (100 mg$_{protéine}$.L^{-1}).

La concentration des poudres enzymatiques commerciales est identique (100 mg.L^{-1}) à la concentration de protéine BSA de la solution de référence (100 mg$_{protéine}$.L^{-1}). La pureté de la BSA utilisée comme protéine de référence est supérieure ou égale à 98%, ce qui implique que le rapport des coefficients directeurs des droites obtenues (Fig. 37-b) est proportionnel à la concentration de la solution de référence. Le dosage des poudres enzymatiques commerciales a permis de mettre en évidence leur qualité aléatoire et la faible quantité de protéines présentes dans ces poudres, notamment pour la FateDH et la FaldDH. Les trois poudres enzymatiques commerciales nécessaires à la bioréduction du CO_2 en méthanol (FateDH, FaldDH, YADH) contiennent, respectivement, 160 mg, 140 mg et 630 mg de protéines par gramme de poudre commerciale.

Ces résultats sont concordants avec les données disponibles pour la formiate déshydrogénase extraite de l'organisme *Candida Boidinii* de Sigma Aldrich (réf : F8649). Les fournisseurs donnent deux informations pertinentes qui sont le nombre d'unité enzymatiques par gramme de poudre commerciale (1 $U.mg^{-1}$) et le nombre d'unité enzymatique par gramme de protéine (5-15 $U.mg^{-1}$). En faisant le rapport de ces deux données, on trouve une approximation de la quantité de protéines par gramme de poudre commerciale, soit 66 mg à 200 mg de protéines par gramme de poudre commerciale. Les informations complémentaires de la fiche produit permettent de savoir q'approximativement 20% de la masse de poudre d'enzyme commerciale sont des protéines qui ont été dosées par la méthode du biuret.

Pour toute l'étude des enzymes de la biotransformation, les masses utilisées seront données en masse de poudre enzymatique commerciale afin de faciliter les comparaisons entre les différentes expériences et celles de la littérature.

II.1.2.3 - Réactions préliminaires

Les solutions tampons utilisées pour l'étude des différentes enzymes et du système poly-enzymatique sont constituées d'un mélange d'une solution de dihydrogénophosphate de potassium ($[KH_2PO_4]$ = 1 M) et d'une solution d'hydrogénophosphate de potassium ($[K_2HPO_4]$ = 1 M). Un pHmètre (Eutech pH510) permet d'ajuster le pH des différents mélanges. Les trois enzymes utilisées pour la transformation du CO_2 en méthanol sont des déshydrogénases. Le chemin réactionnel privilégié par ces enzymes est leur réaction d'oxydation. Il est cependant possible de les forcer à réaliser la réaction inverse de réduction.

II.1.2.3.1 - Du CO_2 au formiate par FateDH

La réaction préliminaire permettant de prouver la réduction effective du CO_2 par FateDH est effectuée à 19 °C dans une cuvette spectroscopique en PMMA. L'enzyme (0,2 $g\ L^{-1}$) est incubée dans un tampon phosphate de potassium (0,05 M, pH 7) en présence de NADH (0,1 mM) et de bicarbonate de potassium comme source de carbone (0,1 mM) dans un volume total de 2 mL. L'évolution de la réaction est suivie spectroscopiquement à 340 nm et est comparée à un blanc sans enzyme mais contenant le cofacteur NADH et la source de CO_2. On observe une diminution d'absorbance à 340 nm du NADH qui correspond à une désactivation du cofacteur (0,038 $\mu M.min^{-1}$), mais qui est tout de même moins rapide que la vitesse de disparition du pic lors de la réaction avec l'enzyme (0,045 $\mu M.min^{-1}$). La réduction enzymatique du CO_2 par l'enzyme libre s'effectue donc à une vitesse de 0,007 µM.min^{-1}, soit une activité catalytique en réduction de 0,004 µmol.min^{-1}.mg^{-1}$_{FateDH}$.

II.1.2.3.2 - Du formiate au formaldéhyde par FaldDH

La formaldéhyde déshydrogénase réalise naturellement l'oxydation de formaldéhyde en formiate. Lorsque l'enzyme est placée en excès de NADH, elle peut réduire le formiate en formaldéhyde. La formaldéhyde déshydrogénase (0,1 g.L^{-1}) est incubée à 25 °C en présence de formiate (0,07 mM) et d'un excès de NADH (0,33 mM). La diminution de l'absorbance lors de la réaction est comparée à un blanc sans substrat dont l'absorbance à 340 nm du NADH diminue suite à une désactivation du cofacteur à la vitesse de 0,06 µM.min^{-1}. La vitesse de disparition de la réaction enzymatique est plus élevée (0,25 µM.min^{-1}), ce qui donne une vitesse de réaction de 0,19 µM.min^{-1} soit une activité de 0,002 µM.min^{-1}.mg^{-1}$_{FaldDH}$.

II.1.2.3.3 - Du formaldéhyde au méthanol par YADH

L'alcool déshydrogénase (5 mg.L^{-1}) est incubée à 25 °C en présence de formaldéhyde (5 mM) et de NADH (2,5 mM) pendant 30 secondes. La diminution de l'absorbance à 340 nm du NADH est comparée à un blanc sans substrat. De la même manière que pour les deux réactions précédentes, l'absorbance à 340 nm du NADH de l'expérience de référence qui ne contient pas de formaldéhyde diminue (0,19 µM.min^{-1}). La diminution de l'absorbance à 340 nm de la réaction enzymatique est très nettement supérieure (52 µM.min^{-1}) et correspond à une activité catalytique de la YADH en réduction de 0,0104 µmol.min^{-1}.mg^{-1}$_{YADH}$.

II.1.2.4 - Activité des enzymes en fonction du pH

Toutes les réactions de réduction ont été conduites sous atmosphère de gaz dans une solution saturée soit d'azote pour l'étude de la formaldéhyde déshydrogénase et de l'alcool déshydrogénase, soit saturée de dioxyde carbone pour l'étude de la formiate déshydrogénase afin d'empêcher l'oxydation du NADH par le dioxygène dissous dans l'eau. Les solutions d'enzymes et de substrats ont été préparées dans de l'eau déminéralisée et soniquée (30 minutes, 25 °C). L'augmentation ou la diminution de l'absorbance à 340 nm a été utilisée pour déterminer les vitesses initiales. Le pH optimum des trois enzymes dans leur réaction d'oxydation et de réduction a été étudié dans des solutions tampon de phosphate de potassium de pH 4,3 à pH 9. (Fig. 38).

L'activité de la formiate déshydrogénase (0,1 g.L^{-1}) en réduction a été mesurée à 25 °C dans une microplaque de 96 puits. Na$_2$CO$_3$ (1 mM) a été utilisé comme source connue de CO$_2$ avec une concentration en NADH de 1,5 mM. L'activité en oxydation a été mesurée dans des conditions similaires au test standard définies par le fournisseur : tampon phosphate (0,1 M), HCOO⁻ (50 mM), NAD^+ (1 mM), formiate déshydrogénase (20 mg.L^{-1}) (Fig. 38-a). Nous avons testé l'activité de la formaldéhyde déshydrogénase (0.1 g.L^{-1}) en réduction à 25°C en présence de HCOO⁻ (2 mM) et de NADH (1 mM). L'activité en oxydation a été mesurée dans les conditions similaires au test standard définies par le fournisseur : tampon phosphate (50 mM), NAD^+ (1 mM), HCHO (1 mM), mercaptoethanol (10 mM) et formaldéhyde déshydrogénase (0,1 g.L^{-1}) (Fig. 38-b). L'étude de l'alcool déshydrogénase (0,01 g.L^{-1}) en réduction a été conduite à 25 °C en présence de HCHO (3 mM) et de NADH (1 mM). L'activité en oxydation a été mesurée dans les conditions similaires au test standard définies par le fournisseur : tampon phosphate (0,1 M), NAD^+ (2,5 mM), EtOH (3,2% v/v), et alcool déshydrogénase (0,001 g.L^{-1}) (Fig. 38-c).

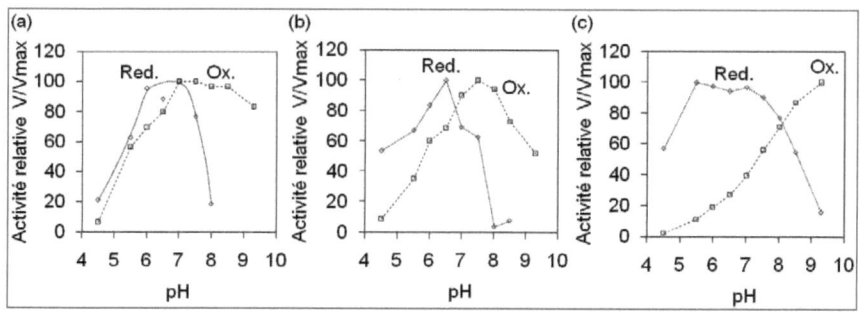

Figure 38 : Influence du pH sur les vitesses de réactions d'oxydation (- -□- -) et de réduction (—♦—). (a)- Formiate déshydrogénase. (b)- Formaldéhyde déshydrogénase. (c)- Alcool déshydrogénase.

Les pH optima pour une réaction d'oxydation ou de réduction varient. En effet, le pH peut influencer l'état de protonation des acides aminés situés dans la poche catalytique de l'enzyme. Les tests effectués rendent compte de cette variation du pH optimum en fonction de la réaction considérée. Le pH optimum pour la réaction de réduction effectuée par chacune des trois enzymes est similaire (pH 6,5). C'est donc cette valeur de pH qui a été choisie pour tout le reste de l'étude. Les enzymes utilisées pour la réduction du CO_2 en méthanol seront donc les plus efficaces à pH 6,5. L'étude de constantes catalytiques de ces enzymes à pH 6,5 pourra donner de nouvelles indications pour la compréhension de la cascade de réduction du CO_2 au méthanol.

II.1.2.5 - Détermination des mécanismes et constantes cinétiques

L'étude des constantes de Michaelis-Menten permet de connaître l'affinité des substrats et du cofacteur pour les enzymes. Ces études ont été menées pour les trois enzymes dans un tampon phosphate (0,05 M, pH 6,5).

II.1.2.5.1 - La formiate déshydrogénase, FateDH

Les constantes cinétiques de la formiate déshydrogénase (10 mg.L^{-1}) ont été déterminées en oxydation avec NAD$^+$ (0-1 mM) et HCOO$^-$ (0-500 mM) et en réduction avec NADH (0-5 mM) et KHCO$_3$ (0-500 mM) (Fig. 39).

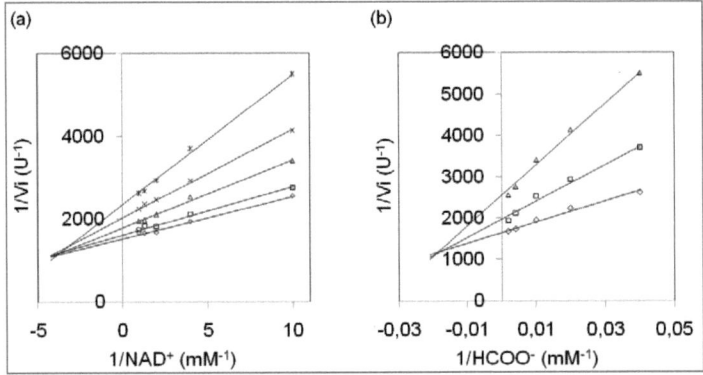

Figure 39 : Représentation de Lineweaver et Burk pour la réaction d'oxydation de FateDH. (a) Variations de [NAD$^+$] (0,1 mM, 0,25 mM, 0,5 mM, 0,75 mM et 1 mM) à [HCOO$^-$] fixes (droites de haut en bas 25 mM, 50 mM, 100 mM, 250 mM et 500 mM). (b) Variations de [HCOO$^-$] (25 mM, 50 mM, 100 mM, 250 mM et 500 mM) à [NAD$^+$] fixes (droites de bas en haut 0,1 mM, 0,25 mM et 1 mM).

La vitesse d'oxydation maximale de l'enzyme FateDH dans ces conditions est 5,6 U mg$_{enzymeFateDH}^{-1}$ ce qui est concordant à l'intervalle donné par le fournisseur industriel, 5-15 U.mg^{-1}). Les constantes d'affinités K_S et de Michaelis-Menten (K_M, constante de dissociation) on été calculées pour le NAD$^+$ (K_S = 0,26 mM, K_M = 0, 32 mM) et pour le formiate (K_S = 5,3 mM, K_M = 6,6 mM). Les tests en réduction on été effectués mais la complexité des résultats obtenus ne nous permet pas encore de les interpréter. Un seul article concerne l'étude des constantes cinétiques de FateDH en réduction, seule la constante de Michaelis pour le CO$_2$ (K_M = 30-50 mM) a pu être déterminée.[36]

II.1.2.5.2 - La formaldéhyde déshydrogénase, FaldDH

La formaldéhyde déshydrogénase (10 mg.L^{-1}) a été étudiée en oxydation avec NAD$^+$ (0-0,5 mM) et HCHO (0-6,65 mM). Les représentations en double inverse des réactions d'oxydation nous ont permis de définir certains paramètres cinétiques de l'enzyme (Fig. 40).

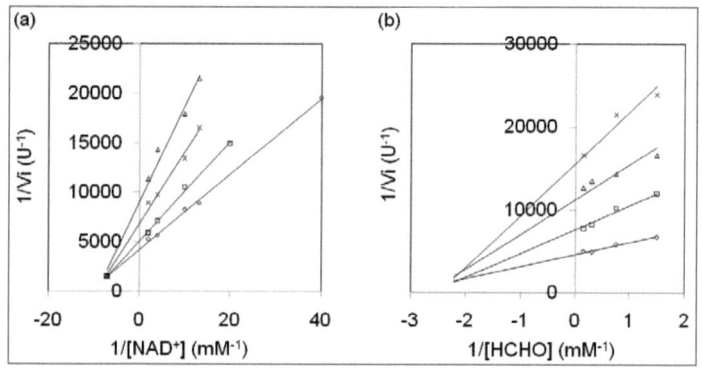

Figure 40 : Représentation de Lineweaver et Burk pour la réaction d'oxydation de FaldDH. (a) Variations de [NAD$^+$] (0,01 mM, 0,025 mM, 0,05 mM, 0,075 mM, 0,1 mM, 0,25 mM et 0,5 mM) à [HCHO] fixes (droites de haut en bas 0,3 mM, 0,6 mM, 1,3 mM, et 6,6 mM). (b) Variations de [HCHO] (0,3 mM, 0,6 mM, 1,3 mM, et 6,6 mM) à [NAD$^+$] fixes (droites de bas en haut 0,025 mM, 0,05 mM, 0,1 mM et 0,5 mM)).

L'allure des droites indique un mécanisme aléatoire avec une vitesse d'oxydation maximale de la FaldDH de 4,8 U.mg$_{enzymeFaldDH}^{-1}$. Les constantes d'affinité et de dissociation trouvées pour NAD$^+$ (K_S = 0,14 mM, K_M = 3,13 mM) et HCHO (K_S = 0,45 mM, K_M = 11,14 mM) sont du même ordre de grandeur que celles trouvées dans la littérature. Cependant, ces valeurs suivent une tendance différente de celle de la littérature (K_{HCHO}<K_{NAD+}), cet écart est certainement dû à une protonation différente des acides aminés de la poche catalytique.

L'enzyme FaldDH (10 mg.L^{-1}) a été étudiée en réduction avec une concentration en NADH fixe (1 mM) et une concentration variable de HCOO$^-$ (0-40 mM). L'étude de la FaldDH en réduction n'a pu nous donner accès aux paramètres cinétiques, cependant nous avons pu observer un effet d'inhibition par excès de substrat pour le formiate avec une diminution de la vitesse de conversion à haute teneur en HCOO$^-$ (Fig. 41).

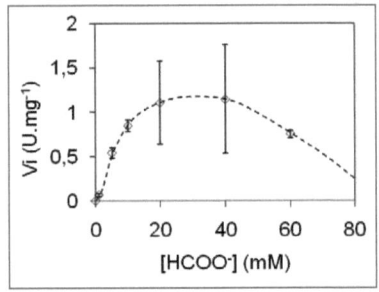

Figure 41 : Vitesses initiales de FaldDH en réduction en fonction de la concentration de formiate.

On peut déterminer graphiquement la vitesse maximale en réduction de 1,1 U.mg^{-1}, la constante de Michaelis pour le formiate (K_M = 8 mM) et sa constante d'inhibition (K_I = 70 mM).

II.1.2.5.3 - L'alcool déshydrogénase, YADH

L'étude de l'alcool déshydrogénase en oxydation n'a donné aucun résultat significatif, la seule étude menée dans ce sens rend compte d'une constante de Michaelis très élevée pour le méthanol (Km = 130 mM). Ce résultat est intéressant car il signifierait que l'équilibre de l'enzyme est déplacé naturellement dans le sens de la réduction du formaldéhyde. L'étude de YADH en réduction (YADH = 1 mg.L^{-1}) avec une concentration de NADH variant de 0 mM à 0,25 mM, et celle de formaldéhyde variant de 0 mM à 100 mM (Fig. 42) permet d'accéder aux constantes cinétiques de l'enzyme.

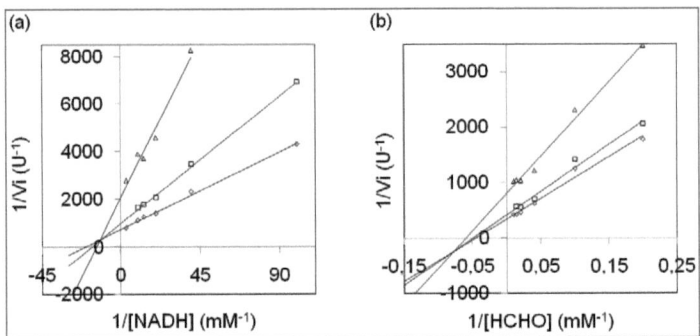

Figure 42 : Représentation de Lineweaver et Burk pour la réduction du formaldéhyde par YADH. (a) Variations de [NADH] (0,025 mM, 0,05 mM, 0,075 mM, 0,1 mM et 0,25 mM) à [HCHO] fixes (droites de haut en bas 5 mM, 10 mM et 25 mM). (b) Variations de [HCHO] (5 mM, 10 mM, 25 mM, 50 mM, 75 mM et 100 mM) à [NADH] fixes (droites de bas en haut 0,025 mM, 0,05 mM, 0,1 mM et, 0,5 mM)).

L'allure des droites indique un mécanisme aléatoire avec intéraction où la fixation du cofacteur NADH facilite celle du substrat HCHO. L'activité maximale trouvée est 53 U.mg$_{enzymeYADH}^{-1}$ Les constantes d'affinité et de dissociation pour NADH (K_S = 0,09 mM, K_M = 0,05 mM) sont proches de celles décrites dans la littérature. Pour HCHO, les constantes trouvées sont K_S = 13 mM et K_M = 23 mM. Ces données ne sont pas disponibles en littérature mais ces valeurs sont assez similaires à celle définies pour l'acétaldéhyde.

II.1.3 - Conclusion

Afin de pouvoir comprendre les réactions enzymatiques mises en jeux lors de la cascade de réduction, la quantité d'enzyme dans les poudres enzymatiques commerciales utilisées doit être connue. Les poudres d'enzymes commerciales n'étant pas toujours de même composition, le dosage préliminaire des protéines qu'elles contiennent est la première caractérisation à réaliser. Les enzymes de la biotransformation ne proviennent pas des mêmes organismes et n'ont peut-être pas le même pH optimum de fonctionnement. De plus, la valeur du pH optimum est souvent étudiée dans la littérature pour un seul type de réaction, l'oxydation, et nous avons montré que le pH optimum change lorsque l'ont considère les réactions de réduction. Il faut alors trouver le meilleur compromis entre toutes les enzymes impliquées dans la réaction catalytique et définir les meilleures conditions de réaction. Nous avons pu déterminer que l'une des premières conditions à utiliser, lors de la cascade enzymatique, est de fixer la valeur de pH à 6,5. Cette valeur est le meilleur compromis pour toutes les réactions de réduction de la cascade enzymatique.

L'étude des constantes cinétiques des enzymes permet de relier une masse de poudre utilisée à l'activité des enzymes. Nous n'avons malheureusement pas pu déterminer les constantes cinétiques de toutes les réactions de réduction qui auraient pu servir à la détermination mathématique des vitesses de réaction de la cascade enzymatique. Seules les constantes pour la YADH ont été calculées, les constantes pour la FaldDH ont été approximées et elles n'ont pas pu être déterminées pour la FateDH.

II.2 - Les systèmes de régénération du NADH

Lors de procédés catalytiques enzymatiques, le cofacteur doit pouvoir être régénéré in-situ pour des raisons évidentes de coût. Nous ne détaillerons pas toutes les méthodes de régénération mais nous décrirons celles testées dans ces travaux de thèse. Il est à noter que la réduction de coût d'un procédé enzymatique est également possible grâce à l'ingénierie des cofacteurs enzymatiques et a permis de développer des analogues de cofacteurs beaucoup plus économiques mais aussi plus stables in-vitro.[86]

Les deux méthodes de régénération enzymatiques utilisées sont de type à enzyme couplée. Elles consistent à l'ajout d'un système complet comprenant une enzyme et un substrat sacrificiel. Le premier système est composé de l'enzyme phosphite déshydrogénase (PTDH, EC 1.20.1.1) et son substrat, le phosphite, qui est oxydé en phosphate (partie 2.4). Le deuxième système est l'enzyme glycérol déshydrogénase (GlyDH, EC 1.1.1.6) qui oxyde le glycérol en dihydroxyacétone (DHA) (partie 2.3) (Fig. 43).

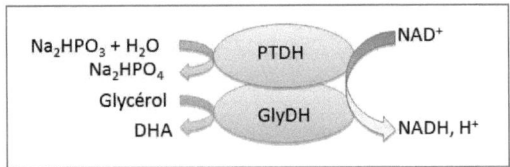

Figure 43 : Schéma des deux méthodes de régénération enzymatique du NADH étudiées : par la phosphite déshydrogénase et par la glycérol déshydrogénase.

Deux systèmes photoactifs ont également été utilisés. Un matériau photoactif à base de nitrure de carbone nous a été gracieusement fourni par l'équipe du Pr Markus Antonietti de l'Institut Max Planck de Potsdam (partie 2.2). Le second système photoactif utilisé est celui mentionné sous le nom de « PSII » dans le brevet de B.C. Dave et collaborateurs qui implique l'utilisation de chloroplastes isolés de feuilles d'épinards.[39]

II.2.1 - Régénération du NADH par des chloroplastes

En 1951, W. Vishniac et S. Ochoa ont montré qu'il était possible d'utiliser des systèmes photosynthétiques naturels extraits de feuilles d'épinards pour régénérer le cofacteur NADH.[87] La réduction du NAD^+ en NADH est permise grâce au travail coordonné de cinq protéines différentes (OEC, PSII, Cyt-b_{f6}, PSI, FNR) situées sur la membrane thykaloïde des chloroplastes (Fig. 44) et pas seulement la protéine « PSII » comme décrit initialement dans le brevet de Dave.[39]

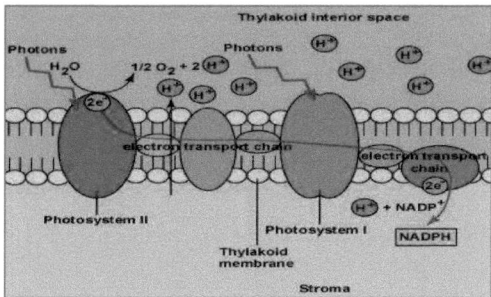

Figure 44 : Schéma d'une membrane thykaloïde. L'énergie des photons permet le transfert des électrons le long de la membrane thykaloïde au moyen de différents complexes protéiques et sont transférés au cofacteur enzymatique $NADP^+$ ou NAD^+ grâce à une enzyme, la ferrodoxine réductase (EC 1.18.1.2).

Dans les cellules de chloroplastes, les membranes thykaloides agissent comme une usine à énergie. La lumière active le photosystème de type II (PSII qui possède un dimère de chlorophylles activé par λ = 680 nm) et permet l'excitation d'électrons qui sont transférés par une plastoquinone vers le cytochrome-b_{f6} puis vers le photosystème de type (PSI). Le « trou » laissé dans le PSII est comblé par des électrons provenant de la dissociation de l'eau par un complexe inorganique de manganèse (Oxygen evolving complex, OEC). Les électrons sont transférés du cytochrome-b_{f6} vers le phostosystème de type I (PSI) grâce à une plastocyanine. L'excitation du complexe PSI (qui possède un dimère de chlorophylle activé par λ = 700 nm) permet le transfert des électrons vers une ferrodoxine, subséquemment oxydée par une ferrodoxine réductase permettant la réduction des cofacteurs NAD^+ ou $NADP^+$.

II.2.1.1 - Isolation du photosystème naturel

Les membranes thylakoïdes sont isolées des feuilles d'épinards achetées au marché le jour même de leur utilisation. Elles sont équeutées et lavées abondamment à l'eau distillée. On pèse 123,4 g de feuilles découpées grossièrement et placées dans une solution tampon pH 7 (phosphate de potassium, 0,05 M) contenant du NaCl (10 mM), du $MgCl_2$ (5 mM) et du sucrose (0,4 M). Les feuilles sont mixées pendant trois minutes à vitesse minimale. La solution obtenue est filtrée sur Büchner, le filtrat est recueilli dans un erlenmeyer placé dans la glace. Le filtrat obtenu est centrifugé à 4000 tr.min^{-1} pendant 10 minutes à 4 °C. Le surnageant contenant les noyaux et débris cellulaires sont décantés. Le culot est resuspendu dans la même solution et centrifugé 15 min à 4000 tr.min^{-1} à 4 °C. Le surnageant est de nouveau décanté, et le culot resuspendu dans un volume minimal de solution tampon pour obtenir une solution de photosystème naturel contenant les chloroplastes.

Les chloroplastes contenus dans la solution obtenue sont quantifiés par rapport à la quantité de chlorophylle qu'ils contiennent. La chlorophylle est dosée par la méthode de Porra et al.[60] La suspension de chloroplaste est suspendue dans une solution d'acétone (80% v/v) et l'absorbance est mesurée de 250 à 800 nm (Fig. 45).

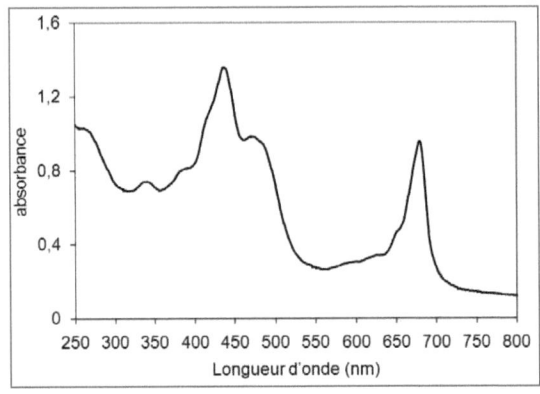

Figure 45 : Spectre d'absorbance de la suspension de chloroplastes. Les maxima d'absorption à 430 nm et 663 nm correspondent à la chlorophylle a, ceux à 453 nm et 642 nm à la chlorophylle b contenues dans l'extrait.

La concentration en chlorophylle de l'extrait est de 1,9 g.L^{-1}, la suspension de chloroplastes est alors congelée dans l'azote liquide et stockée à -80 °C jusqu'à son utilisation.

II.2.1.2 - Activité des chloroplastes extraits de feuille d'épinard

Les suspensions de chloroplastes sont décongelées dans la glace et leur concentration en chlorophylle de l'extrait est ajustée à 0,3 g.L^{-1} dans un bécher de 20 mL. Le NAD$^+$ est ajouté à 0, 2,5 et 5 mM. La suspension est exposée à une lumière blanche de bureau positionnée à 10 cm du bécher. Des aliquots de 0,5 mL sont prélevés, filtrés à 0,20 µm et dilués au 1/15 pour une lecture d'absorbance du NADH à 340 nm. La quantité de NADH produit est recalculée grâce à la relation de Beer Lambert (Fig. 46).

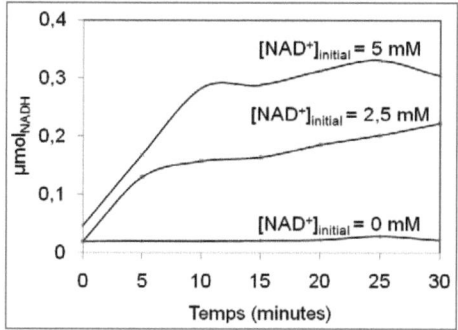

Figure 46 : Génération du NADH par une suspension de chloroplaste pour différentes concentrations initiales de NAD^+.

La vitesse initiale de régénération du NADH (pour $[NAD^+]$ = 2,5 ou 5 mM) est de 0,02 U (U = µmol.min^{-1}). Le rendement de régénération du NADH atteint 0,3 % (0,3 µmol NADH produit pour 100 µmol de NAD^+ initial) après 10 minutes de réaction puis s'arrête. Ce faible rendement de régénération du NADH peut s'expliquer par l'accumulation du NADH qui mène à l'arrêt du système et par la faible stabilité des photosystèmes catalytiques naturels.[87]

II.2.2 - Régénération du NADH par un matériau photocatalytique

Les systèmes de régénération biologique sont les plus efficaces de par leur sélectivité et leur performances. Cependant l'extraction et la purification sont des procédés coûteux et la stabilité des systèmes au cours du temps reste à améliorer, c'est pourquoi certaines équipes se sont intéressées à l'étude de systèmes photocatalytiques inorganiques. L'équipe de M. Antonietti de l'Institut Max Planck de Potsdam a notamment développé un matériau inorganique qui permet la régénération du NAD^+ en NADH par photoactivation d'un motif carbonitride (C_3N_4) (Fig 47).[88]

CHAPITRE II – Étude des systèmes biologiques utilisés

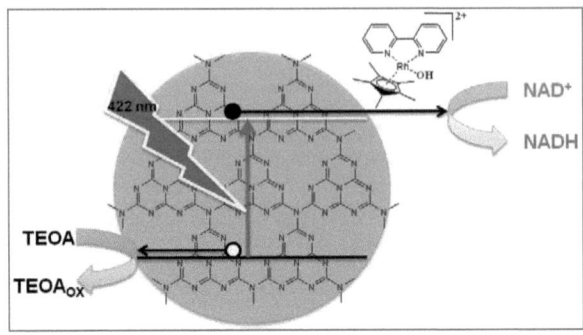

Figure 47 : Motif carbonitride C_3N_4 (jaune) permettant la régénération directe du NAD^+ en NADH ou par l'intermédiaire d'un médiateur d'électron $[CpRh(bpy)(H_2O)]^{2+}$. La triéthanolamine (TEOA) permet la régénération du photomatériau.

Le motif carbonitride photoactif permet l'excitation d'électrons qui sont transférés soit directement, soit par l'intermédiaire d'un complexe de rhodium, au cofacteur NAD^+. La triéthanolamine est ajoutée pour fournir les électrons cédés par le matériau pour la réduction du NAD^+ et est transformé en sous-produit d'oxydation. Le système est opérationnel à pH 9 sans ajout de médiateur, mais son activité décroît rapidement avec la baisse du pH. Ce système inorganique semble prometteur, cependant son efficacité à pH neutre dépend fortement de l'ajout d'un médiateur d'électron le $[CpRh(bpy)(H_2O)]^{2+}$ qui est toxique pour les enzymes. De plus, ce complexe à base de rhodium se fixe sur les acides aminés en surface de la protéine et peut entraîner leur dénaturation.[89,90] Le fonctionnement du système à des pHs plus acide est limité par la capacité du médiateur d'électron à former un intermédiaire hydrure qui est responçable de la réduction du cofacteur NAD^+. Les données de la littérature décrivant l'activité maximale du système sont comparées dans la partie 2.5.

II.2.3 - Régénération du NADH par la glycérol déshydrogénase

Les deux avantages majeurs du système impliquant la glycérol déshydrogénase proviennent des propriétés du substrat. Le glycérol est connu pour stabiliser les enzyme libres mais aussi pour augmenter la solubilité du dioxyde de carbone en milieux aqueux.[91]

L'enzyme glycérol déshydrogénase *de Cellulomonas* sp (GlyDH, EC 1.1.1.6) est testée sur une large gamme de concentration de substrat et de cofacteur dans les conditions définies dans la partie 1.3. L'étude de l'enzyme a permis de connaître les constantes d'affinité et de dissociation (constante de Michaelis) du substrat et du cofacteur enzymatique. Les réactions sont menées dans une microplaque de 96 puits avec lecture cinétique de l'absorbance du NADH à 340 nm. Le spectrophotomètre à plaques est thermostaté à 37 °C, toutes les réactions ont lieu dans un tampon phosphate de potassium (50 mM, pH 6,5). La concentration de l'enzyme (GlyDH, 1 mg.L^{-1}) est fixe, celles du glycérol (0 – 1M) et du NAD$^+$ (0 – 3 mM) varient. La représentation en double inverse de Lineweaver et Burk permet de connaître le mécanisme et les différents paramètres cinétiques de l'enzyme (Fig. 48).

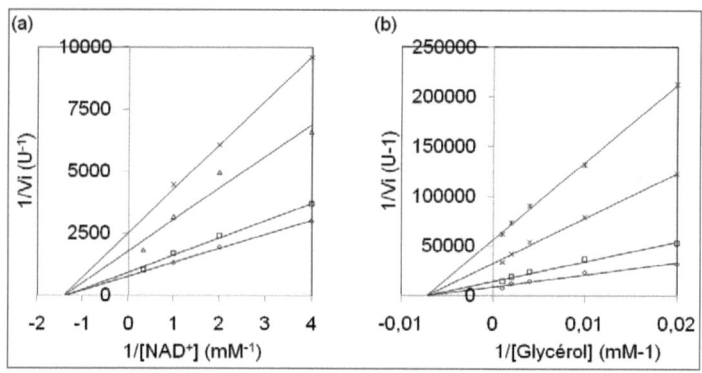

Figure 48 : Représentation de Lineweaver et Burk pour la régénération du NADH avec la glycérol déshydrogénase (a) Variation de [NAD$^+$] (0,25 mM, 0,5 mM, 1 mM et 3 mM) à [Glycérol] fixes (droites de haut en bas 50 mM, 100 mM, 500 mM et 1000 mM). (b) Variation de [Glycérol] (50 mM, 100 mM, 250 mM, 500 mM et 1000 mM) à [NAD$^+$] fixes (droites de bas en haut 0,1 mM, 0,25 mM, 1 mM et 3 mM)).

Les vitesses initiales sont déterminées à partir de la partie linéaire de formation du NADH (sur 10 minutes de réaction). Les représentations en double inverse nous indiquent que l'enzyme glycérol déshydrogénase catalyse la réaction de réduction du NAD$^+$ en NADH par un mécanisme bi-bi aléatoire avec quasi-équilibre (l'acte catalytique est lent devant les associations/dissociations enzyme-substrat) et une fixation indépendante du substrat et du cofacteur. La constante de Michaelis du NAD$^+$ est K_M = 0,7 mM et celle du glycérol est K_M = 138 mM. La vitesse maximale de la réaction de l'enzyme est de 1,25 U.mg$_{GlyDH}^{-1}$ à pH 6,5.

II.2.4 - Régénération du NADH par la phosphite déshydrogénase

La phosphite déshydrogénase a considérablement attiré l'attention en biotechnologie pour la régénération du cofacteur NADH lors de la synthèse enzymatique de produits énantiomériquement purs.[92] La constante d'équilibre de l'oxydation du phosphite par PTDH (K = [HPO$_3^{2-}$][H$_2$O] / [HPO$_4^{2-}$] = 10^{11} à pH 7,25 et à 25 °C)[93] indique que la réaction d'oxydation du phosphite est quasi irréversible. De plus, aucun sous-produit n'est généré car l'oxydation du phosphite donne du phosphate qui, dans le cas étudié, est utilisé comme agent tampon dans la réaction enzymatique de réduction du CO$_2$.

II.2.4.1 - Production de la phosphite déshydrogénase

Escherichia coli est la bactérie la plus utilisée pour la surexpression de protéines recombinantes. La méthode par culture de cellules en fiole d'Erlenmeyer permet d'obtenir des rendements de 30% à 50% en masse de protéine surexprimée par masse de protéine totale. La quantité de cellules par volume de culture reste le facteur limitant dans la production de protéines recombinantes. Le développement de conditions adaptées pour la culture de cellules à haute densité, initié par D. Riesenberg en 1991, passe nottament par la définition des milieux synthétiques définis permettant une grande reproductibilité des expériences. Cette technique permet d'augmenter la concentration des cellules et donc de protéines recombinantes de plusieurs ordres de grandeur.[94] Dans ce cas, c'est la qualité de la protéine qui est le facteur limitant. La composition des solutions tamponnées spécifique à la production des protéines (milieu Luria Bertini (LB), milieu Terrific Broth (TB) et milieu Riesenberg) et à la purification de protéines (tampon de chargement (SBA), tampon de lavage (SBB), tampon d'élution (EB) et tampon de conservation (CB)) sont tous décrits en annexe.

L'ADN recombinant de la phosphite déshydrogénase obtenu auprès du Professeur H.M. Zhao (University of Illinois, USA) nous a été fourni transformé dans des cellules compétentes (souches *E. coli* BL21 Star™ (DE3) identifiée par la suite BL21*(DE3)) contenant le plasmide (pET15b-PTDH12x, Amp). Pour produire les protéines, ces cellules stockées à –80 °C ont été décongelées dans un mélange glace/carboglace à -20 °C. Elles sont ensuite striées sur plaque d'agarose (0,75 grammes d'Agar pour 50 mL de milieu) contenant le milieu de culture Luria Bertini en présence d'ampicilline (LB-Amp) et cultivées toute la nuit. Tout le matériel utilisé pour les cultures est systématiquement autoclavé (30 minutes à 121 °C).

II.2.4.1.1 - Production en fioles d'Erlenmeyer

II.2.4.1.1.1 - Culture

Une colonie isolée sur la plaque de culture et contenant le plasmide (pET15b-PTDH12x, Amp) est reprise dans 5 mL de milieu LB-Amp et cultivée 12 heures à 37 °C sous agitation à 150-250 tr.min^{-1} (Fig. 49). La solution est diluée au 1/100ème dans 200 mL de milieu Terrific Broth contenant de l'ampicilline (TB-Amp) et cultivée à 37 °C sous agitation mécanique (250 tr.min^{-1}) avec ajout de glycérol (20 g.L^{-1}) comme source de carbone. La turbidité du milieu est contrôlée régulièrement par suivi de la densité optique (DO) à 600 nm. L'expression de la protéine recombinante est induite par ajout d'isopropyl β-D-1-thiogalactopyranoside (IPTG) (C$_F$ = 0,3 mM) lorsque les cellules entrent dans leur phase de croissance exponentielle (DO$_{600}$ comprise entre 0,2 et 1) (Fig. 49).

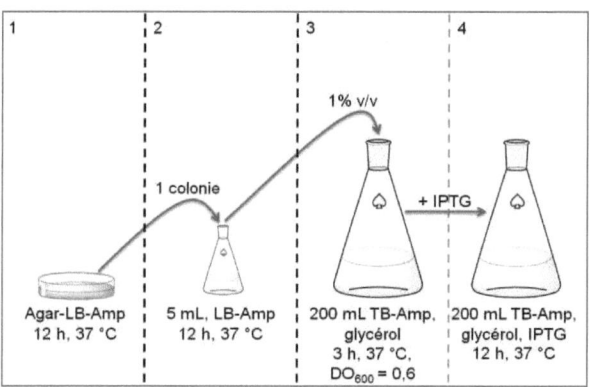

Figure 49 : Schéma de culture en fioles d'Erlenmeyer de la PTDH.

La phase de production de la protéine est maintenue 12 heures à 37 °C puis la suspension de cellules est centrifugée 15 minutes à 4 °C à 4 500 tr.min^{-1}. Le surnageant est décanté et les cellules resuspendues dans un volume minimum de tampon de chargement (SBA). Pour procéder à l'étape de lyse, la suspension cellulaire, placée dans des tubes Falcons, dans un bain marie de glace subit un traitement de sonication (3 minutes, 25% puissance) puis centrifugée (15 minutes, 5 000 tr.min^{-1} à 4 °C) pour se débarrasser des plus gros débris cellulaires. Le surnageant est récupéré, une pointe de spatule de DNase est ajouté pour fluidifier la solution et le tube est re-centrifugé (40 minutes, 10 000 tr.min^{-1} à 4 °C) puis la solution est filtrée à 0,25 µm. La protéine recombinante est alors purifiée sur colonne IMAC Ni^{2+} (HisTrap 1 mL, GE Healthcare).

II.2.4.1.1.2 - Purification

La purification de la protéine se fait par chromatographie d'affinité sur colonne de nickel (IMAC Ni^{2+}, HisTrap 1 mL, GE Healthcare). Le contrôle de la pureté de la protéine produite en fioles d'Erlenmeyer se fait par électrophorèse sur gel de polyacrylamide en condition dénaturante (SDS-PAGE) (Fig. 50).

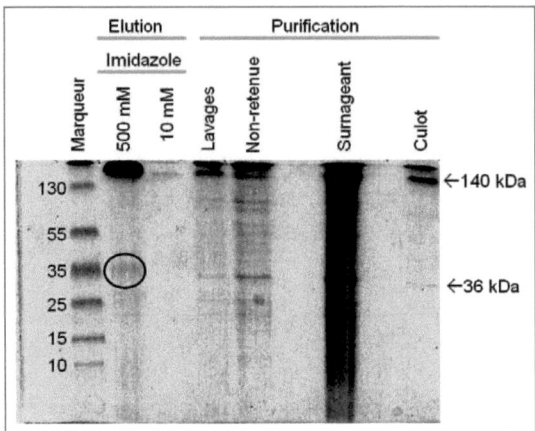

Figure 50 : Electrophorèse sur gel SDS PAGE des fractions obtenues lors des étapes de purification de PTDH12x. Les poids moléculaires des bandes du marqueur sont indiqués en kDa. Le poids moléculaire attendu de PTDH12x est de 36 kDa.

La protéine surexprimée (PTDH12x, 36 kDa) n'est que peu sécrétée en dehors de la cellule mais une protéine d'environ 140 kDa est elle présente en grande quantité (Fig. 50, piste Culot). La lyse des cellules entraîne le relargage de toutes les protéines participant au fonctionnement de la cellule, et ces dernières sont récupérées dans le surnageant de lyse (Fig. 50, piste surnageant). La colonne IMAC est lavée par 10 mL d'eau MQ à 1 mL.min^{-1}, activée par passage d'une solution de sulfate de nikel ([NiSO$_4$] = 0,4 M) et équilibrée avec le tampon de chargement (SBA). La suspension est déposée et les protéines sont rincées avec 2 fois 10 mL de tampon SBA, la majeure partie des protéines n'ont aucune affinité pour la colonne et sont éluées (Fig. 50, piste non-retenue et piste lavages). En ajoutant 10 mM d'imidazole dans la solution pour les lavages (tampon SBB, 50 mL), les protéines contaminantes fixées faiblement se décrochent alors que la protéine d'intérêt qui possède une étiquette histidine reste liée au nickel (Fig. 50, piste imidazole 10 mM). Le passage de la solution d'histidine à 500 mM (tampon d'élution, EB) permet d'éluer la protéine purifiée, des fractions de 1 mL sont collectées et qualitativement dosées par le réactif de Bradford. Les fractions contenant la protéine sont rassemblées (Fig. 50, piste 500 mM), la bande à 36 kDa correspond à un monomère de la protéine, celle à 140 kDa représente probablement des protéines dénaturées qui se sont agglomérées par interactions hydrophobes, formant des corps d'inclusion. Les fractions rassemblées sont dessalées sur un montage à deux colonnes montées en série (HiTrap 5 mL, GE Healthcare). Les colonnes de dessalage sont lavées avec 40 mL d'eau MQ et équilibrées par le tampon de conservation. Les fractions rassemblées sont alors déposées et éluées par le même tampon de conservation, plusieurs fractions sont collectées et dosées qualitativement par le réactif de Bradford. Les fractions les plus concentrées sont rassemblées pour être stockées à – 80 °C. La concentration en protéines est déterminée par absorbance UV à 280 nm en utilisant la solution tampon dans laquelle est stockée l'protéine comme solution de référence. La concentration de la solution stock de protéines est mesurée par absorbance à 280 nm, la concentration est de 17,4 g de protéines par litre de solution.

II.2.4.1.2 - Production en fermenteur

II.2.4.1.2.1 - Culture

Les milieux de culture utilisés sont le TB et le milieu Riesenberg décrits en annexe. La veille de la culture, une colonie isolée contenant le plasmide pET15b-PTDH12x est inoculée dans 100 mL de milieu TB-Amp (annexe) pour 15 heures à 37 °C. La préculture est diluée (1% v/v) pour une seconde préculture de 24 heures à 37 °C dans un milieu TB-Amp (Fig. 51).

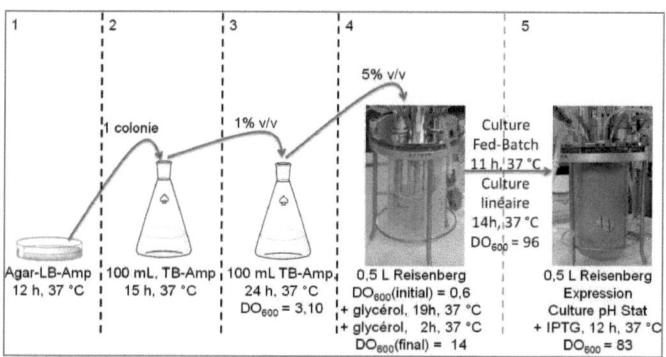

Figure 51 : Schéma de culture en fermenteur.

Lorsque la densité optique de la seconde préculture atteint 3,10 (DO_{600nm}), les cellules sont récupérées par centrifugation (5 000 tr.min^{-1}, 20 °C, 5 minutes) et transférées dans le fermenteur. Le milieu de culture contient différents oligoéléments, l'antibiotique ampicilline, de l'antimousse et du glycérol qui constituent les 0,5 L du milieu de culture Riesenberg.[94] La nouvelle absorbance à 600 nm (DO_{600}) de la suspension cellulaire diluée dans le milieu Riesenberg est alors de 0,6 (Fig. 52).

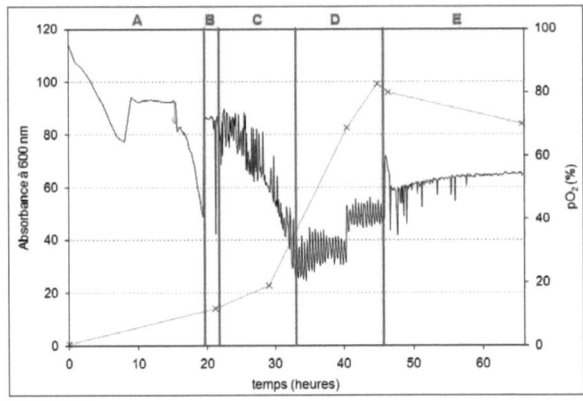

Figure 52 : Contrôle de la croissance de culture cellulaire par mesure d'absorbance à 600 nm (courbe grise). Contrôle des phases de culture par mesure de la pression partielle d'oxygène (P_{O2}, courbe noire). L'expression à lieu en cinq phases, un 1er batch de glycérol (A) suivi d'un second (B) puis vient la culture Fed-Batch (C) avec une phase de croissance linéaire (D) et la phase d'expression des protéines (E).

Tout les paramètres de culture en fermenteur sont contrôlés en ligne par ordinateur. Seules les mesures d'absorbance de la solution à 600 nm sont contrôlés hors ligne. La première phase de croissance des cellules dure pendant 19 h (avec un ajout de glycérol après 7 heures), les cellules se multiplient et consomment de plus en plus d'oxygène (Fig. 52-A). Lorsque du glycérol est à nouveau ajouté, il est consommé intégralement en 2 heures (DO finale = 14) (Fig. 52-B). La culture à taux de croissance fixe (Fed-Batch, $\mu=0,1$ h^{-1}) a ensuite eu lieu pendant 11 heures. La vitesse d'ajout de glycérol, qui contrôle le taux de croissance des cellules, est calculé grâce à l'équation de Kark.[95] Le contrôle du pH se fait par ajout d'hydroxyde d'ammonium (Fig. 52-C). La croissance est ensuite linéaire pendant 14 heures supplémentaires, la vitesse d'agitation est augmentée après 40 heures de culture pour maintenir la pression partielle d'oxygène (PO_2) supérieure à 20% (Fig. 52-D). Si la PO_2 diminue en dessous de 10% les cellules s'asphyxient sont privées d'oxygène et meurent. Lorsque la DO_{600} atteint 96, l'expression de la protéine recombinante est induite par l'ajout d'IPTG (Cf = 0,1 mM). La méthode de feeding alors utilisée est appelée pH stat, l'ajout de carbone (glycérol) et de base (NH_4OH) est contrôlé par un algorithme (annexe) pendant les 20 heures que dure la phase d'expression (Fig. 52-E). La DO_{600} n'augmente plus car les cellules ont cessé de se développer et utilisent le glycérol pour la fabrication des protéines. La suspension cellulaire est ensuite récupérée et les cellules sont lysées par ultrasons, un bout de spatule de DNAse est ajouté pour fluidifier la solution. Les protéines sont alors récupérées dans le surnageant après centrifugation (5 000 tr.min^{-1}, 1 heure, 4 °C)

II.2.4.1.2.2 - Purification

La purification des protéines produites en fermenteur se fait par chromatographie de perfusion avec détection par UV et par conductimétrie. La détection UV à 280 nm permet de récupérer les protéines qui sont éluées avec le tampon SBA. Après équilibration de la colonne avec le tampon SBA, la suspension de protéines obtenues après lyse des cellules et centrifugation est chargée dans la colonne. Les protéines fixées par leur étiquette histidine sont lavées avec le tampon SBB et éluées avec le tampon EB (annexe) (Fig. 53).

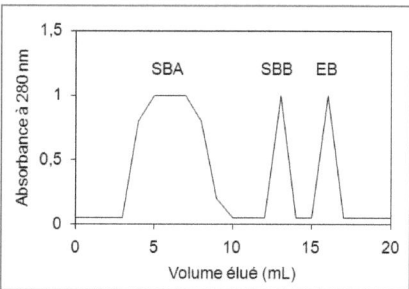

Figure 53 : Allure du chromatogramme obtenu pour la purification des protéines. La fraction non retenue est éluée directement avec le tampon de chargement (SBA, pas d'imidazole). Les protéines faiblement accrochées sont éluées avec le tampon de lavage (SBB, 10 mM d'imidazole). La protéine d'intérêt est éluée par le tampon d'élution (EB, 500 mM d'imidazole).

Le dessalage de la suspension de protéines qui contient l'imidazole à 0,5 M se fait par ultrafiltration (*Amicon® Ultra-15 30k centrifugal Filter Device*). Le tube à filtrer laisse passer toutes les protéines de poids moléculaire inférieur à 30 kDa (30 000 g.mol^{-1}) permettant la purification de la PTDH (M = 36 415 g.mol^{-1}). La solution de protéine est dosée par la méthode BCA. On obtient une solution de 6,5 g de protéines par litre de solution.

II.2.4.2 - Comparaison des méthodes de production

La production de protéines recombinante en fioles d'Erlenmeyer est limitée par la quantité de cellules pouvant se développer. La production en fermenteur est limitée par l'activité de la protéine recombinante. La production en fioles d'Erlenmeyer a permis de produire un total de 28 mg de protéine pure alors que la culture en fermenteur permet la production de 3 fois plus de protéines recombinantes (100 mg), notamment grâce à la phase d'alimentation « Fed-Batch » (Fig. 52) qui permet de maintenir constante la haute densité cellulaire pendant toute la phase d'expression de la protéine.[96] L'activité des deux lots est alors mesurée dans les mêmes conditions, à 25 °C dans un tampon phosphate de potassium en présence de NAD^+ (1 mM) et de phophite (1,5 mM). L'activité de l'enzyme produite en fioles d'Erlenmeyer est deux fois supérieure à celle produite en fermenteur (1,3 $U.mg^{-1}$ pour l'enzyme produite en fioles d'Erlenmeyer contre 0,7 $U.mg^{-1}$ pour l'enzyme produite en fermenteur) car les conditions d'expression de l'enzyme en fioles d'Erlenmeyer ont été optimisées par le Professeur Zhao et ses collaborateurs. En fermenteur, le milieu de culture semble propice à la production d'une grande quantité de protéines mais pas à une production importante de l'enzyme d'intérêt ou alors de stabilité moindre.

II.2.4.3 - Propriétés de la phosphite déshydrogénase

La phosphite déshydrogénase produite en fioles d'Erlenmeyer (1 $mg.L^{-1}$) est testée en présence de différentes concentrations de Na_2HPO_3 (0 – 25 mM) et de NAD^+ (0 – 3 mM) afin d'accéder aux représentations en double inverse de Lineweaver et Burk (Fig. 54).

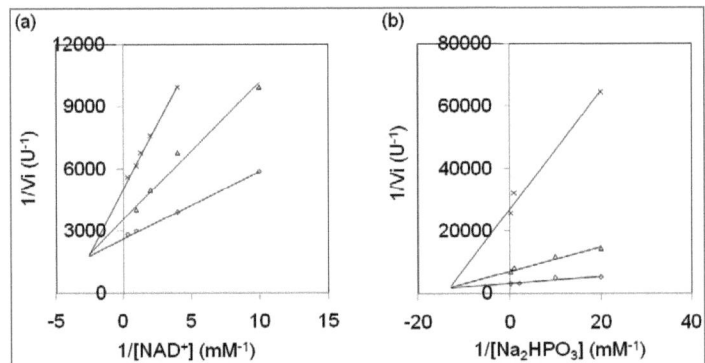

Figure 54 : Représentation de Lineweaver et Burk de l'oxydation du phosphite par PTDH. (a) Variation de $[NAD^+]$ (0,1 mM, 0,25 mM, 0,5 mM, 0,75 mM, 1 mM et 3 mM) à $[Na_2HPO_3]$ fixes (droites de haut en bas 0,05 mM, 1 mM et 25 mM). (b) Variation de $[Na_2HPO_3]$ (0,05 mM, 0,1 mM, 0,5 mM, 1 mM, 5 mM et 10 mM) à $[NAD^+]$ fixes (droites de bas en haut 0,05 mM, 0,1 mM et 0,75 mM)).

Concernant l'étude de la phosphite déshydrogénase, la catalyse est de type bi-bi aléatoire où la fixation d'un des substrats facilite celui du second. Les constantes catalytiques déterminées lors de l'étude indiquent que le phosphite a plus d'affinité pour l'enzyme que n'en a le cofacteur NAD^+. Cela va dans le sens d'une réaction quasi irréversible décrite par T.W. Johannes et ses collaborateurs.[93] Les constantes d'affinité et de Michaelis à pH 6,5 pour la glycérol déshydrogénase ($K_{M(NAD+)}$ = 0,7 mM, $K_{M(glycérol)}$ = 138 mM) sont, pour NAD^+, K_S = 0,38 mM, K_M = 0,57 mM ; pour le phosphite K_S = 0,08 mM, K_M = 0,11 mM. La vitesse maximale de génération du NADH par la phosphite déshydrogénase est de 3,5 $U.mg_{PTDH}^{-1}$, supérieure à celle obtenue avec la glycérol déshydrogénase (1,2 $U.mg_{GlyDH}^{-1}$). Les constantes cinétiques définies avec les vitesses initiales ont été faites sur la partie linéaire de génération du NADH (1 à 10 minutes selon les réactions).

II.2.5 - Comparaison des systèmes de régénération du NADH

Les systèmes de régénération ont été comparés pour leur activité en fonction du pH (Fig. 55) et au cours du temps (Fig. 56). Pour l'étude de l'activité relative des différents systèmes en fonction du pH, la concentration des enzymes (PTDH, GlyDH) est fixée à 10 $mg.L^{-1}$, celle du NAD^+ à 1 mM dans un tampon phosphate pH 6,5 à 0,1 M. Afin de pouvoir observer la formation du NADH à 340 nm, la concentration en substrat est ajustée séparément : 1,5 mM pour Na_2HPO_3 et 140 mM pour le glycérol. La gamme de pH s'étend de pH 4,5 à pH 9,3. Ces activités ont été comparées avec le photosystème synthétique présenté dans la ref [15] qui ont été effectué dans les conditions suivantes : le matériau photoactif synthétique (mpg-C_3N_4, 2 $g.L^{-1}$) a été testé dans la littérature en solution dans un tampon phosphate (0,1 M) en présence du substrat TEOA (15 % w/v) de NAD^+ (1 mM) et avec ou sans médiateur ($[CpRh(bpy)(H_2O)]^{2+}$, 0,25 mM) (Fig. 55). Les chloroplastes qui sont instables lorsque le pH varie n'ont pas été testés.[87]

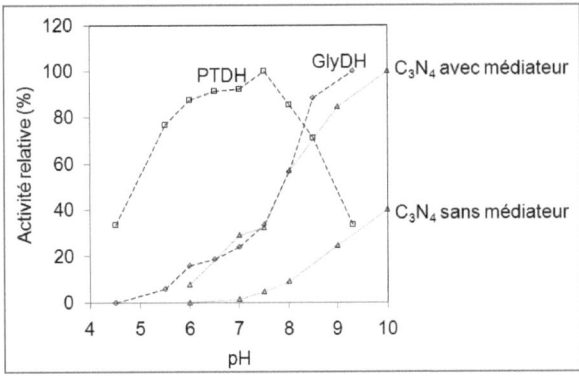

Figure 55 : Influence du pH sur l'activité relative des deux systèmes enzymatiques choisis pour la régénération du NADH, la phosphite déshydrogénase (PTDH) et la glycérol déshydrogénase (GlyDH). Comparaison avec le photosystème synthétique ($[CpRh(bpy)(H_2O)]^{2+}$) avec ou sans médiateur (selon la réf. [88]).

Le pH optimum de ces systèmes de régénération du NADH est relativement différent. Seule la PTDH a un pH optimum à pH 6,5, pH choisi pour le système polyenzymatique de la réduction du CO_2 en méthanol. La GlyDH et le photosystème synthétique sont plus actifs à pH 9. Les différents systèmes de régénération ainsi que les chloroplastes ont été étudiés dans le temps à pH 6,5-7 La suspension de chloroplastes a été diluée à 0,3 g.L^{-1} dans un tampon phosphate 0,05 M pH 7. Le cofacteur sous forme réduite a ensuite été ajouté ([NAD^+] = 5 mM) et la suspension de chloroplastes a été exposée à un flux lumineux constant de 1650 lux (la suspension est placée à 10 cm d'une lampe de bureau). Les deux enzymes PTDH et GlyDH (10 mg.L^{-1}) ont été incubées en présence de leur substrat (Na_2HPO_3, 0,5 M et glycérol, 0,5 M respectivement) et du cofacteur oxydé (NAD^+, 1 mM). Ces 3 systèmes de régénération du NADH ont été comparés aux données de la littérature pour le photosytème synthétique (mpg-C_3N_4). Le motif carbonitride graphitique mésoporeux (mpg-C3N4, 2 g.L^{-1}) a été exposé à une source de lumière de 400 W émettant à la longueur d'onde spécifique de 420 nm. Des concentrations du cofacteur NAD^+ de 1 mM, du médiateur d'électrons de 0,25 mM et du substrat TEOA de 15% w/v ont permis d'observer l'augmentation de la concentration de NADH spectroscopiquement à 340 nm. Ces valeurs ont été reportées sur la figure 55 pour être comparées avec celles des deux enzymes de régénération et celle du photosystème naturel.

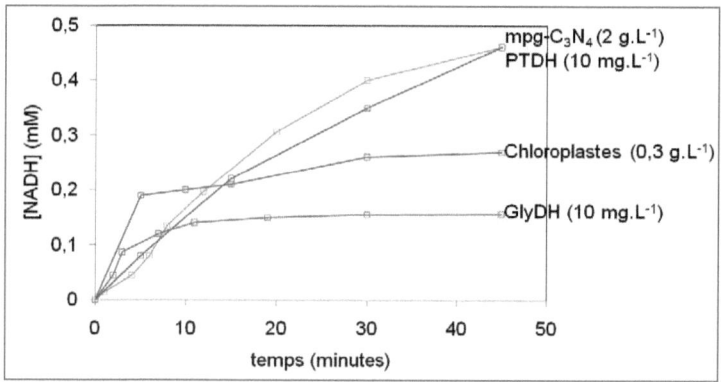

Figure 56 : Comparaison des différents systèmes de régénération (GlyDH + glycérol, PTDH + phosphite, mpg-C_3N_4 + $[CpRh(bpy)(H_2O)]^{2+}$ + TEOA + lumière, chloroplastes + lumière) à pH 6,5-7 avec $[NAD^+] = 1$ mM.

La régénération du NADH par le photosystème synthétique mpg-C_3N_4 (+ médiateur) et par la phosphite déshydrogénase sont les plus efficaces. En termes de rendements, la PTDH produit 0,45 mM de NADH en 45 minutes et la course de régénération du cofacteur semble continuer (Fig. 56-violet). Le rendement du photosystème synthétique est identique à celui de la PTDH mais arrive à son taux de régénération maximum dans ces conditions (Fig. 56-vert). Le rendement des deux autres systèmes avec la GlyDH et les chloroplastes est limité dans ces conditions de réaction et atteignent un plateau après 10 minutes de réaction. Cela peut être dû à l'accumulation des produits qui mènent à l'état d'équilibre des systèmes.

Les deux systèmes enzymatiques peuvent être comparés en termes de TTN (TotalTurnoverNumber sur 45 minutes, le nombre de moles de produit par nombre de sites actifs enzymatiques) et de TOF (TurnOverFrequency sur 2 minutes, qui est un TON par unité de temps). Pour connaitre la taille et le nombre de sites actifs des enzymes, la plateforme Brenda-Enzyme administrée par S. Placzek[97] regroupe la plupart des informations concernant les études d'enzymes qui ont été publiées. La phosphite déshydrogénase utilisée est un homodimère de 72 kDa, la glycérol déshydrogénase un homo-octamère de 316 kDa. Les valeurs de TOF calculées (13 s^{-1} pour GlyDH, 9 s^{-1} pour PTDH) sont similaires mais le TTN de PTDH est bien supérieur (6000 pour GlyDH contre 16600 pour PTDH) ce qui confirme que l'enzyme PTDH est le système enzymatique le plus approprié pour la régénération du NADH lors de la cascade enzymatique.

II.2.6 - Conclusion

Lorsque la capacité de régénération du NADH de l'enzyme produite au sein du laboratoire (PTDH) est comparée aux autres systèmes étudiés, il apparaît que son domaine de stabilité en pH est le plus approprié. La réaction de réduction du NADH est quasi irréversible, ce qui limite l'arrêt du système à cause de l'accumulation du produit comme pour la glycérol déshydrogénase. De plus, la vitesse maximale de l'enzyme PTDH est plus élevée que celle de la GlyDH. Les deux systèmes phototropiques présentent des limitations : la stabilité pour le système naturel, et l'ajout de médiateurs toxiques pour les enzymes dans le cas du photomatériau. Le système le plus approprié pour régénérer le cofacteur NAD^+ est donc celui utilisant la phosphite déshydrogénase et le phosphite comme substrat.

II.3 - La cascades enzymatiques

Les cascades de réactions enzymatiques sont un processus naturel que les biochimistes savent imiter in-vitro. Le développement de ces techniques permettra à terme de développer des biomanufactures synthétiques aux nombreux avantages : l'augmentation des rendements et des vitesses de réaction dans des conditions plus douces que celles utilisées en chimie fine, et le développement de nouvelles cascades synthétiques pour la production de produits à haute valeur ajoutée. La mise au point de cascades synthétiques peut également permettre de déplacer les équilibres naturels des réactions enzymatiques vers la formation de produits souhaités.[98] Palmorre et ses collaborateurs sont les premiers à étudier cette cascade enzymatique. Ils réalisent l'oxydation en cascade du méthanol au CO_2 en utilisant un intermédiaire rédox combiné à une électrode.[99] En combinant les travaux préliminaires de U. Rusching et ses collaborateurs et ceux de G.T.R Palmore et ses collaborateurs, B. C. Dave réalise, pour la première fois, la réduction du CO_2 en méthanol, une année plus tard.[36, 37] La plupart des procédés multi-enzymatiques décrits dans la littérature rendent compte de l'amélioration des vitesses de réaction mais ne font que très rarement état de l'étude rationnelle de la quantité relative de chacun des biocatalyseurs. Nous avons étudié le système à trois enzymes pas à pas. Tout d'abord l'étude des enzymes libres, puis deux à deux dans le but de définir le rapport optimal entre chacune des trois enzymes.[100, 101] Nous avons également étudié les différents systèmes de régénération pouvant être combinés à la cascade enzymatique.

II.3.1 - Optimisation du système à trois enzymes

L'optimisation du système à trois enzymes se fait en optimisant les enzymes deux à deux. La quantité de la deuxième enzyme varie jusqu'à ce que la production du substrat final soit maximal (production de HCHO pour l'optimisation du rapport FateDH/FaldDH ou de CH_3OH pour l'optimisation du rapport FaldDH/YADH). Toutes les solutions sont préparées dans des tubes Eppendorf de 0,6 mL et menées sous atmosphère saturée de CO_2 ou de N_2 pour éviter l'oxydation du NADH par le dioxygène de l'air. L'eau utilisée est déminéralisée (résistance de 16 MOhm) et préalablement soniquée 30 minutes à 25 °C pour évacuer le dioxygène dissous. Les réactions sont thermostatées à 37 °C dans une étuve (mini hybridization oven, Appligen). La détermination du rapport optimum entre la FateDH et la FaldDH se fait sous conditions fixes. Les solutions sont tamponnées à pH 6,5 (phosphate de potassium, 0,1 M) avec l'enzyme FateDH (0,1 $g.L^{-1}$) et le cofacteur NADH (10 mM). Le substrat CO_2 est ajouté sous forme de carbonate de potassium ($[KHCO_3]$ = 100 mM). La concentration de l'enzyme FaldDH est variée de 0 à 1,5 $g.L^{-1}$. Les réactions sont conduites sous atmosphère saturée de CO_2, pendant 72 h à 37 °C. Le meilleur rapport entre FaldDH et YADH a également été étudié en conditions fixes dans une solution tampon (K_2HPO_4/KH_2PO_4 0,1 M, pH 6,5) avec l'enzyme FaldDH (0,1 $g.L^{-1}$) le cofacteur NADH (10 mM) et le substrat $HCOO^-$ (100 mM). La concentration de l'enzyme YADH est la seule à varier de 0 à 1 $g.L^{-1}$. Les réactions durent 22 heures sous atmosphère inerte d'azote à 37 °C.

L'optimisation de la quantité relative de FaldDH par rapport à celle de FateDH est contrôlée en mesurant la concentration de formaldéhyde produit après 72 heures de réaction (Fig. 57-a). La quantité optimale d'alcool déshydrogénase par rapport à la quantité de formaldéhyde déshydrogénase est définie après quantification du méthanol, produit à partir de formiate, au bout de 22 heures de réaction (Fig. 57-b).

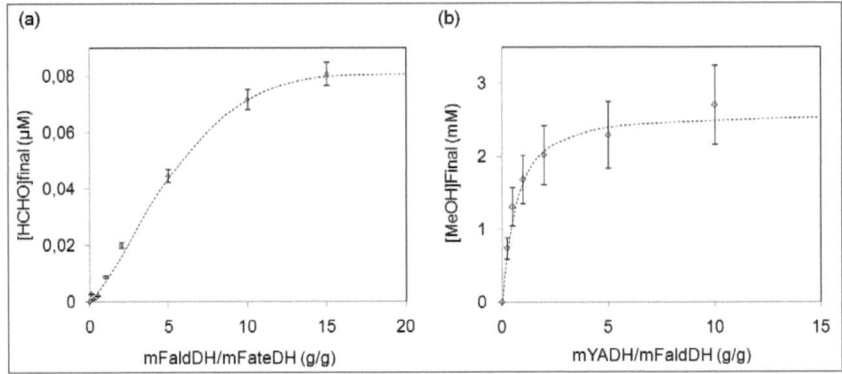

Figure 57 : (a) Influence de la quantité relative de FateDH et FaldDH sur la conversion du $CO_2(g)$ en formaldéhyde à concentration fixe de FateDH (0,1 $g.L^{-1}$) après 72 h avec $KHCO_3$ (100 mM) comme substrat. (b) Influence de la quantité relative de FaldDH et YADH sur la conversion du formiate en méthanol à concentration fixe de FalDH (0,1 $g L^{-1}$) en 22 h avec $HCOO^-$ (100mM) comme substrat. Toutes les réactions sont effectuées dans un tampon phosphate (0,1 M, pH 6,5) en présence de NADH (10 mM).

Les masses données représentent celles des poudres d'enzymes commerciales utilisées. Le rapport massique optimum entre les trois poudres commerciales est donc de 0,01, 0,15 et 0,75 $g.L^{-1}$ pour la FateDH, FaldDH et YADH, respectivement. En prenant en compte la quantité de protéines réellement présentes dans les poudres commerciale, le rapport massique de protéines est de 1, 13, 295 mg pour la FateDH, FaldDH et YADH, respectivement.

Le rapport massique entre les poudres commerciales est le seul pouvant être comparé à la littérature, il diffère des études antérieures qui ont étés menées sur 8 années et font état de masses identiques de poudres commerciales pour les 3 enzymes dans le cas de B.C. Dave[37, 39, 40] ou de masses différentes dans le cas de Z.Y. Jiang et ses collaborateurs (7 g, 2 g, 2 g ou 9 g, 9 g, 2 g pour la FateDH, FaldDH et YADH, respectivement)[41, 45] sans qu'aucune explication ne soit donnée.

II.3.2 - Optimisation du système trienzymatique avec régénération du NADH

II.3.2.1 - Influence de la régénération du NADH par PTDH

La quantité relative du meilleur système pour la régénération du NADH a été étudiée sur le système tri-enzymatique optimisé (FateDH/FaldDH/YADH à 10 $mg.L^{-1}$ 150 $mg.L^{-1}$ et 750 $mg.L^{-1}$, respectivement). Les concentrations de NADH (10 mM) et $KHCO_3$ (50 mM) sont fixes, la quantité de phosphite déshydrogénase a été variée de 0 à 6,1 $g.L^{-1}$. Il s'agit ici de grammes de protéine purifié, car la PTDH a été directement produite et purifiée au laboratoire. Le substrat de l'enzyme de régénération (Na_2HPO_3) est ajouté en excès (50 mM). Les tubes sont purgés avec du dioxyde de carbone gazeux et incubés 65 heures à 37 °C. En fin de réaction, le méthanol est détecté et quantifié par la méthode de l'étalon interne (Chap1, section 1.3.6) (Fig. 58).

La quantité relative des enzymes de la cascade de réduction étant optimisée et le système de régénération le plus adéquat choisi, il faut trouver le meilleur rapport entre les enzymes de la bio-conversion et l'enzyme qui sert à régénérer le NADH, la phosphite déshydrogénase, PTDH. En se plaçant dans des conditions fixes de substrat, la disponibilité du NADH pour la biotransformation dépend de la quantité de PTDH ajoutée.

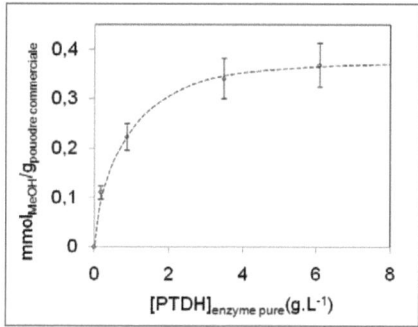

Figure 58 : Influence de la concentration de PTDH pour le système trienzymatique (FateDH, FaldDH, YADH) de réduction du CO_2 en méthanol. Conditions : tampon phosphate (0,05 M, pH 6,5, [FateDH] = 10 mg.L^{-1}, [FaldDH] = 150 mg.L^{-1}, [YADH] = 750 mg.L^{-1}, en présence du cofacteur enzymatique [NADH] = 10 mM, d'une source de CO_2 [$KHCO_3$] = 50 mM et de [Na_2HPO_3] = 50 mM.

Un palier de production du méthanol est atteint pour une concentration de l'enzyme de régénération de 3,8 g.L^{-1}, c'est cette concentration optimale qui sera gardée pour la suite de l'étude.

II.3.2.2 - Influence de la concentration du cofacteur NADH

Deux cas ont été étudiés, pour mettre en évidence l'influence de la quantité de cofacteur : (1) sans système de régénération du cofacteur, (2) avec la PTDH. Pour le cas sans système de régénération, les 3 enzymes (FateDH, FakdDH et YADH) dans leurs proportions optimales (10, 150, 750 mg.L^{-1}, respectivement) ont été incubées dans 0,1 mL de solution tampon (phosphate de potassium, 0,1 M, pH 6,5) en présence de $KHCO_3$ (50 mM) et de différentes quantités de NADH (0 M – 0,2 M). Les conditions de réaction sont fixes pour chacune des différentes concentrations de NADH. Les solutions sont préparées dans des tubes Eppendorf de 0,6 mL dont l'espace vide (0,5 ml) est rempli de dioxyde de carbone gazeux. Les tubes sont incubés à 37 °C pendant 65 h. En fin de réaction, 90 μL de la solution sont mélangés à 10 μL d'étalon interne et injectés en GC - FID pour la détection du méthanol.

Pour le cas des 3 enzymes optimisées avec l'enzyme de régénération du NADH optimisé, la quantité du cofacteur NADH a été étudiée dans des conditions fixes. Les enzymes (FateDH/FaldDH/YADH à 10/150/750 mg.L^{-1} de poudre commerciale, respectivement, et PTDH produite en flasque à 3,8 g.L^{-1} d'enzyme pure, ont été incubées dans un tampon phosphate (0,05 M, pH 6,5) à 37°C en présence de $KHCO_3$ (50 mM), Na_2HPO_3 (50 mM) et différentes concentration de NADH de 0 à 0,2 M. Les résultats d'analyse des concentration en méthanol des échantillons, après 48 h, en fonction de la concentration en méthanol, sont donnés sur la Figure 59.

De façon générale, la concentration de nicotinamide adénide dinucléotide (β-NADH) qui sert de navette d'électrons et de protons entre la cascade enzymatique et le système de régénération à une influence importante sur les capacités de production du bioprocédé (Fig. 59). Des études antérieures sur le système trienzymatique ont montré que les rendements étaient meilleurs lorsque cette concentration en cofacteur était augmentée.[37, 41]

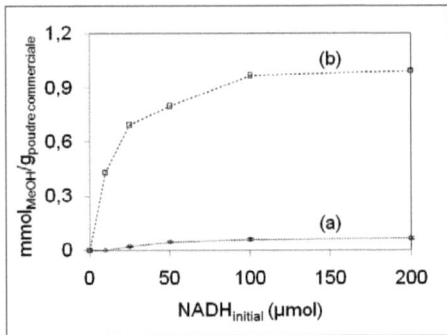

Figure 59 : Influence de la quantité initiale du donneur d'électrons NADH. Conditions : solution tampon phosphate (0,1 M pH 6,5), [FateDH] = 10 mg.L^{-1}, [FaldDH] = 150 mg.L^{-1}, [YADH] = 750 mg.L^{-1}, [KHCO3] = 50 mM. Réaction sous atmosphère saturée en CO_2 à 37 °C. (a) sans système de régénération pour 65 heures. (b) avec système de régénération : [PTDH] = 3,8 g.L^{-1}; [Na$_2$HPO$_3$] = 50 mM pour 48 heures.

Nous avons montré de la même manière que la production de MeOH est plus importante quand la quantité de NADH augmente. La concentration optimale du cofacteur se trouve être la même pour le système avec ou sans régénération du NADH et est de 100 mM. Ces résultats confirment la première étude de B.C. Dave et R. Obert[37] qui trouvaient un plateau de productivité du méthanol (avec ou sans système de régénération) pour une concentration en NADH de 0,1 M. Dans un tel système polyenzymatique, la transformation du CO_2 est limitée par sa disponibilité en solution qui peut être augmentée en réalisant des réactions sous pression de CO_2.

II.3.2.3 Catalyse sous pression en solution

Le substrat principal de la cascade enzymatique est un gaz dont la solubilité en phase aqueuse est limitée ($[CO_2]_{max\ Patm,\ 25\ °C}$ = 30 mM). Certains auteurs ont étudié cette réaction sous pression modérée (P_{CO2} = 0,5 Mpa), dans un système fermé avec bullage.[45] En plus de la pression, cette réaction peut être menée dans des liquides ioniques, dans du PEG ou en milieu CO_2 super-critique ($scCO_2$) afin d'augmenter la disponibilité du CO_2 pour le système polyenzymatique. Les quantités relatives de NADH et de l'enzyme qui permet sa régénération étant optimisées, seule l'influence de la pression a été étudiée sur les systèmes à 3 et 4 enzymes. Nous n'avons pas pu nous procurer le matériel pour mettre en place le même type d'expérience décrites dans la littérature[45] mais avons tout de même étudié l'influence de la pression sur la bioconversion dans un réacteur à 0,5 MPa (Fig. 60).

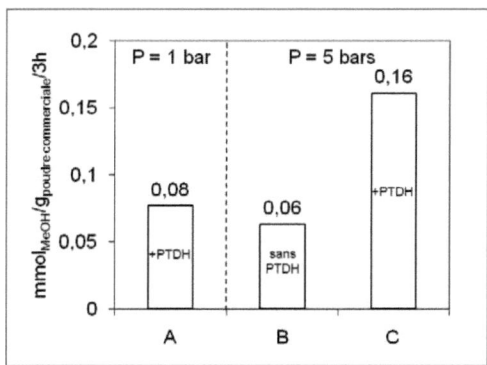

Figure 60 : Influence de la pression de CO_2 sur un système trienzymatique optimisé (FateDH/FaldDH/YADH à 10, 150, et 750 mg.L^{-1} respectivement ; n_{NADH} = 100 μmol) à 37 °C. Régénération par PTDH (3,5 g.L^{-1}) et Na_2HPO_3 (50 mM). (A) système optimisé avec régénération du NADH, (B) Système optimisé sans régénération, 5 bar de CO_2 et (C) système optimisé avec régénération du NADH, 5 bar de CO_2.

La première expérience à pression ambiante avec un système de régénération est décrite dans le chapitre 2 et correspond à la figure 60-A. La seconde est réalisée à pression modérée et sans système de régénération (Fig. 60-B). Les trois enzymes nécessaires à la bioconversion du CO_2 en méthanol sont incubés dans 100 µL de solution tampon (phosphate de potassium, 0,1 M, pH 6,5) en présence du cofacteur NADH (100 mM) et de la source de CO_2 ($KHCO_3$, 50 mM). Une troisième expérience, réalisée à pression modérée contient en plus le système de régénération (Fig. 60-C) PTDH, 3,5 g.L^{-1} de protéine pure et Na_2HPO_3, 50 mM. Les deux expériences à pression modérée sont incubées à 37 °C, pendant 3 heures sous une pression de CO_2 égale à 5 bar (0,5 MPa). En considérant un système tri-enzymatique optimisé sans ajout d'un système de régénération, aucune trace de méthanol n'a pu être détectée après trois heures de réaction. L'ajout du système de régénération permet, lorsqu'il est ajouté aux enzymes de la cascade de réactions, de transformer 80 µmoles de CO_2 à pression ambiante en 3 heures. Sous pression réduite (P_{CO2} = 0,5 MPa), la disponibilité du CO_2 augmente ($[CO_2]_{MAX\ 25°C\ 0,5\ MPa}$ = 98 mM). Les trois enzymes sans système de régénération permettent la conversion de 60 µmoles de CO_2 en méthanol. Lorsque l'enzyme PTDH et son substrat suicide le phosphite sont ajoutés, la productivité est doublée permettant la conversion de 160 µmoles de méthanol à partir de CO_2. L'ajout d'une pression, même modérée, augmente très nettement les capacités de ce procédé enzymatique qui est limité par la disponibilité du CO_2 dans l'eau. L'activité des enzymes encapsulées dans les NPS sera donc étudiée sous pression modérée de CO_2.

II.3.3-Conclusion sur la cascade enzymatique

L'optimisation du système enzymatique est effectuée en combinant les enzymes deux à deux. Lorsque la quantité relative de chacune des trois enzymes est optimisée, c'est la quantité du système de régénération qui est ajustée pour permettre la meilleure productivité en méthanol. La quantité relative en masse de poudres commerciales entre chacune des trois enzymes après optimisation est définie telle que pour 1 mg de FateDH, il faut ajouter 15 mg de FaldDH, 75 mg de YADH et 380 mg de phosphite déshydrogénase. La quantité de cofacteur NADH permettant la plus grande productivité en méthanol a également été optimisée et correspond à 100 mM pour 10 mg.L^{-1} de FateDH, 150 mg.L^{-1} de FaldDH, 750 mg.L^{-1} de YADH, indépendamment de l'ajout d'un système de régénération. Nous avons aussi montré que les capacités de conversion du système sous pression modérée de CO_2 (0,5 MPa) sont très nettement améliorées. Dans la suite, nous verrons que le système d'encapsulation pour les enzymes est très important et permet d'augmenter encore la productivité en MeOH.

II.4- Conclusion sur les systèmes biologiques choisis

Les réactions enzymatiques mises en jeux lors de la cascade de réduction du CO_2 en MeOH on été étudiées séparément pour déterminer les conditions de fonctionnement optimales de chacune des enzymes lors des réactions de réduction. Les poudres d'enzymes commerciales ont été caractérisées et l'étude des constantes cinétiques de toutes les enzymes utilisées ont été menées dans les conditions de pH optimum pour la réduction en cascade du dioxyde de carbone. La quantité relative des deux premières enzymes, FateDH et FaldDH, doit être ajustée afin de pouvoir forcer leur réaction de réduction. L'emploi de l'enzyme YADH est, elle, propice à cette cascade de réduction car sa réaction de réduction est favorisée.

Nous avons déterminé le pH optimum à pH 6,5 pour les 3 enzymes et étudié quatre systèmes de régénération différents. Les deux systèmes enzymatiques se démarquent entre eux par la proportion de NADH qui peut être régénérée. La régénération du NADH par la glycérol déshydrogénase est limitée par l'accumulation du dihydroxyacétone généré alors que l'équilibre de la phosphite déshydrogénase va dans le sens de la régénération totale du cofacteur.[92, 102] Les deux systèmes phototropiques étudiés présentent tous deux des limitations spécifiques qui compliquent leur emploi dans un tel procédé (stabilité, toxicité).[87, 90]

L'optimisation du procédé est réalisée en utilisant la phosphite déshydrogénase comme système de régénération. La quantité relative optimale de chacune des enzymes est définie en masse de poudre commerciale (1 g FateDH/15 g FaldDH/75 g YADH) et la quantité relative de l'enzyme de régénération en masse de protéine pure (380 g PTDH). Le procédé a également été optimisé en ajustant la quantité de cofacteur NADH utilisé lors de la réaction (100 mM pour 10 mg.L^{-1} de FateDH, 150 mg.L^{-1} de FaldDH, 750 mg.L^{-1} de YADH) et en augmentant la pression de CO_2 dans le réacteur à 0,5 MPa. Ces conditions seront donc utilisées pour la suite de l'étude.

Finalement, l'industrialisation de procédés biologiques, limitée par la stabilité des enzymes utilisée, reste à étudier. L'immobilisation des enzymes (Chapitre 3) et la mise en œuvre du procédé (Chapitre 4) sont des améliorations nécessaires pouvant être apportées à ce procédé de valorisation du CO_2.

CHAPITRE III – Immobilisation des enzymes et étude structurale des NPS

III.1 - Introduction

Les enzymes sont des biocatalyseurs très sélectifs qui pourraient représenter une réponse appropriée aux nouveaux défis catalytiques du $20^{\text{ème}}$ siècle de par l'amélioration de la sélectivité et l'augmentation des vitesses de réaction comparé à un catalyseur chimique. La demande actuelle des industries pour le développement des biotechnologies blanches repose sur l'amélioration de la productivité et de la stabilité des enzymes permettant la mise en place de procédés catalytiques sous conditions de pression et de température moyennes. Un des verrous à l'utilisation industrielle des enzymes est leur stabilité vis-à-vis des effets de solvants, d'accumulation de produits, de température ou de variation de pH. Les enzymes peuvent être stabilisées en les immobilisant dans un support polymérique ou inorganique. Les différentes méthodes d'immobilisation utilisées sont l'adsorption dans des polymères naturels et dans des matériaux inorganiques poreux ou le greffage covalent des enzymes au support et l'encapsulation en synthèse directe du support.

III.1.1 - Immobilisation d'enzymes - généralitées

L'adsorption des enzymes dans un support poreux est la méthode la plus économique et la plus rapide, mais les enzymes peuvent être souvent désorbées et redispersées dans la phase aqueuse. Le greffage covalent des enzymes sur un support inorganique empêche la lixivation des enzymes hors du matériau, mais le procédé de greffage peut s'avérer dommageable pour les enzymes à cause des conditions parfois dénaturantes. La fonctionnalisation du matériau est faite au préalable et la réaction de couplage des enzymes avec les fonctions réactives du matériau peuvent aboutir à la déformation et à l'inactivation des enzymes.

L'encapsulation dans les matrices sol-gel présente le meilleur des compromis, à condition de prévenir toute interaction directe entre les enzymes et les alcools générés pendant l'hydrolyse des précurseurs inorganiques. Il est possible d'ajouter des additifs tels que des sucres, du glycérol ou des polymères (poly-vinylimidazole, poly-éthylèneimine, poly-éthylèneglycol) qui permettent de maintenir les activités biologiques. Le meilleur exemple d'une telle immobilisation est celle de la Lipase stabilisée par du polyvinylalcool et encapsulée dans un sol-gel de silice qui est commercialisé par Fluka. Néanmoins, le manque de contrôle de la porosité du matériau pendant la synthèse du sol-gel entraîne des limitations d'activité dues à la mauvaise diffusion des substrats à travers la matrice inorganique.

III.1.1.1 - Adsorption/immobilisation covalente dans un matériau mésoporeux

Les matériaux inorganiques poreux, dont la taille de pore est contrôlée, peuvent être utilisés pour l'adsorption d'enzymes. Les enzymes possèdent de larges zones hydrophiles et hydrophobes en surface. L'adsorption sur la surface d'un matériau mésoporeux résulte d'interactions hydrophobes ou hydrophiles avec le support considéré. L'adsorption sur un support hydrophobe est possible grâce aux interactions de Van der Waals avec les résidus acides aminés hydrophobes de l'enzyme. A l'inverse, ce sont les liaisons hydrogène qui permettent l'adsorption des enzymes sur un support hydrophile. Les supports inorganiques (comme la silice, les oxydes de titane ou des oxydes mixtes), le carbone activé et les résines échangeuses d'ions ont l'avantage de posséder des réseaux tridimensionnels avec de grandes surfaces spécifiques. Les enzymes peuvent s'adsorber dans un grand nombre de sites et les matériaux peuvent être facilement récupérés. Les résines échangeuses d'anions (diéthylaminoéthyl cellulose (DEAE-cellulose)) ou échangeuses de cations (carboxyméthyl cellulose (CM-cellulose)) sont les supports les plus utilisés pour l'immobilisation d'enzyme du fait de leur simple mise en œuvre et de leur disponibilité.[103]

L'immobilisation covalente d'enzymes sur un support inorganique est réalisée grâce aux fonctions chimiques de surface de l'enzyme qui sont généralement connues.[104] Le support est préalablement fonctionnalisé avec des fonctions organiques réactives (groupements amines, aldéhydes, époxydes...). Cette fonctionnalisation peut se faire après la synthèse du matériau par greffage covalent de composés organiques sylilés, par la co-condensation d'espèces siliciques inorganiques et de composés organiques sylilés ou en utilisant des précurseurs organiques bi-sylilés qui mènent à la formation d'organosillices mésoporeuses périodiques (PMOs).[105] Les acides aminés comme l'arginine (possède une fonction réactive amine primaire) peuvent réagir avec un support fonctionnalisé aldéhyde ou époxyde, les acides (l'acide aminé acide aspartique dans les enzymes) peuvent réagir avec des carbodiimides (ou avec le cycle imidazole présent sur l'acide aminé histidine qui compose les enzymes) pour former des liaisons covalentes avec le support. Ce type d'immobilisation permet de meilleures activités spécifiques et le contrôle de l'orientation des protéines, cependant l'immobilisation covalente peut réduire la souplesse de la conformation des enzymes et mener dans certains cas à leur désactivation.

Un cas particulier d'immobilisation covalente sont les agrégats d'enzymes réticulés (CLEAs®) où les enzymes sont liées les unes aux autres de façon covalente. Ce type d'agrégats est en fait un phénomène naturel dont se sont inspirés les biochimistes.[106] En utilisant des liens synthétiques pour attacher ces enzymes entres elles, l'activité des enzymes est largement améliorée mais on observe une diminution de leur stabilité.[107] La molécule dédiée la plus utilisée pour attacher les enzymes entre elles est le glutaraldéhyde (Fig. 61-a avec n = 1). La longueur de la chaine carbonée permet de jouer sur la flexibilité laissée à l'enzyme : plus la chaine est longue, plus l'enzyme aura de liberté dans sa conformation.[28]

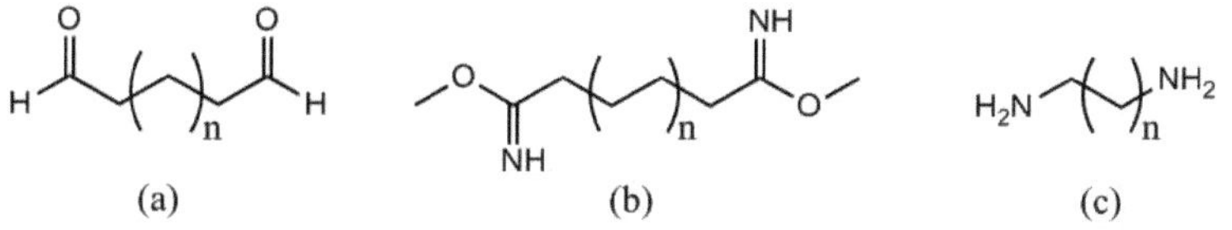

Figure 61 : Agents de réticulation d'enzymes possible par réaction des acides aminés en surface de l'enzymes avec des fonctions (a) aldéhyde, (b) imidate, ou (c) amine.

Outre la fonction aldéhyde, les acides aminés en surface des protéines peuvent aussi réagir avec des fonctions imidate (Fig. 61-b, diméthyl adipimidate (n=1), diméthyl suberimidate (n=2)) ou des amines primaires (Fig. 61-c diamines aliphatiques) (Fig. 61).

III.1.1.2 - Immobilisation par piégeage/encapsulation

Les réseaux poreux utilisés pour piéger les enzymes peuvent être d'origine naturelle (alginate, chitosane, cellulose, collagène, gélatine, sépharose). Ces supports ont l'avantage d'être biocompatibles ce qui permet leur utilisation dans une grande gamme d'applications (chimie fine, biocapteurs, biomédecine, biocarburants).[108] L'immobilisation d'enzymes est également possible dans des membranes semi-perméables qui permettent aux substrats de faible masse moléculaire de diffuser à travers la membrane pour réagir avec le biocatalyseur. Les procédés sol-gels permettent d'obtenir des matériaux macroporeux hiérarchiquement organisés et qui présentent une grande inertie chimique. Pendant leur synthèse, le catalyseur enzymatique se trouve en solution aqueuse et se retrouve immobilisé avec la condensation du gel. Une fois constitué, le support inorganique est chimiquement stable. Cependant pendant la synthèse du sol-gel, l'hydrolyse du précurseur inorganique libère de l'alcool pouvant mener à la désactivation des enzymes. Selon les conditions de condensation choisies, les enzymes peuvent être immobilisées sur/dans des gels [109] ou sur/dans des particules[110, 111] (Fig. 62).

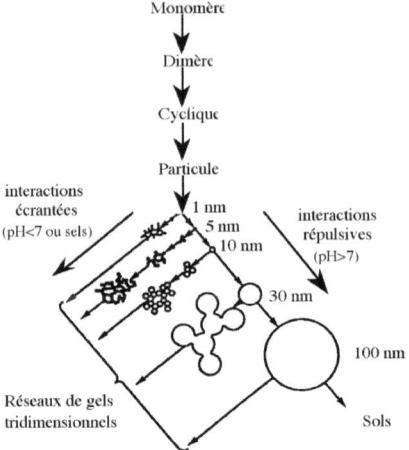

Figure 62 : Schéma de formation de sols ou de gels selon les conditions choisies lors de la condensation des particules solides.

L'encapsulation dans des systèmes naturels tels que les liposomes[112] ou dans des nanocapsules silice/titane permet la rétention stérique de l'enzyme.[113] L'encapsulation est la technique la plus souvent utilisée pour le piégeage de molécules chimiquement stables, les enzymes sont des macromolécules complexes, elles peuvent être dénaturées pendant le processus d'encapsulation. L'ajout d'une molécule stabilisante (sucre, polymère, protéine) peut permettre de préserver les enzymes pendant l'encapsulation.[114]

III.1.1.3 - Combinaison de procédés

De nouveaux procédés innovants visent à combiner ces différentes techniques, cela permet de bénéficier des avantages de chacune des techniques. Martin Hartman a montré que les réacteurs enzymatiques étaient plus efficaces en combinant l'adsorption dans des matrices mésoporeuses suivie de la coréticulation d'enzymes avec le glutaraldéhyde.[115] Les agrégats d'enzymes se retrouvent bloqués dans les pores du matériau, protégeant les enzymes du milieu extérieur et empêchant leur lixiviation lors de l'utilisation du bioréacteur. De plus, les activités enzymatiques sont également améliorées grâce à l'effet de la coréticulation des enzymes (paragraphe 1.1.1). Les matériaux qui se prêtent le mieux à ce type d'immobilisation pour des applications en catalyse sont les monolithes qui possèdent une porosité méso- et macroporeuse permettent des procédés sous flux.[116]

La combinaison des techniques d'encapsulation consiste à piéger les enzymes dans un réseau inorganique structuré par une matrice organique naturelle comme le chitosane ou l'alginate.[113, 117] La surface des particules obtenues peut également être fonctionnalisée pour ajouter un effet de stabilisation stérique entre les particules et empêcher leur coagulation. G. Fei et ses collaborateurs ont consacré tout un chapitre de livre référençant différentes techniques permettant de structurer des nanocapsules enzymatiques.[118] Dans ce travail, nous avons utilisé la méthode de structuration de la silice par des phospholipides.

III.1.2 - Immobilisation du système tri-enzymatique (FateDH/ FaldDH/ YADH)

La cascade enzymatique (voir Chapitre 3) permettant la conversion du CO_2 en méthanol a fait l'objet de plusieurs publications. Les auteurs ont pu vérifier l'influence de différents types de stabilisation sur l'efficacité de la biotransformation. Le premier groupe à s'être intéressé à cette stabilisation est celui de B.C. Dave en 1999, ils ont immobilisé les enzymes dans un sol-gel de silice classique utilisant le tétraéthoxysilane (TEOS) comme précurseur et montrent une meilleure activité du système enzymatique encapsulé.[37, 39, 40] Aux Etats Unis également, l'équipe de P. Wang de l'Université d'Akron, Minesota, a immobilisé les enzymes et le cofacteur NADH de manière covalente sur des microparticules de polystyrène.[48] Leur matériau donne une meilleure activité que le système libre en solution et peut être réutilisé jusqu'à onze fois en conservant 80 % de son d'activité. Le groupe chinois de Z. Jiang a développé différents modes de stabilisation plus ou moins efficaces pour ce type de transformation. Un Sol-gel classique en 2002 (TEOS/HCl/H_2O de rapport molaire 1/0,1/6,4 n/n) suivi, en 2006, d'une immobilisation dans un sol-gel hybride de silice structuré par un réseau tridimensionnel d'alginate qui ne leur a pas permis d'égaler les productivités atteintes par le groupe de B.C. Dave. Mais ils ont montré que la réutilisation du matériau est possible jusqu'à 10 fois avec la perte de moins de 25 % d'activité.[41, 45] Leur stratégie évolue en 2009 avec l'emploi de précurseur de titane. Les enzymes sont immobilisées dans un réseau d'alginate qui est stabilisé par le dépôt d'un oxyde de titane et atteignent alors des productivités comparables à celles de B.C. Dave.[46] En 2012, les auteurs se contentent d'immobiliser seulement deux des enzymes de la biotransformation. La formiate déshydrogénase est immobilisée dans des billes d'alginate qui sont recouvertes d'une couche de protamine. La particule est stabilisée par condensation d'une couche de silice qui immobilise la formaldéhyde déshydrogénase dans le même temps. La condensation d'un précurseur d'oxyde de titane permet de stabiliser la particule finale (Fig. 63). Ce type d'encapsulation compartimenté s'est révélé efficace pour la bioconversion du CO_2 en formaldéhyde et a été également utilisé dans une application biocatalytique pour la dégradation des hydrocarbures aromatiques polycycliques (HAP).[100, 113]

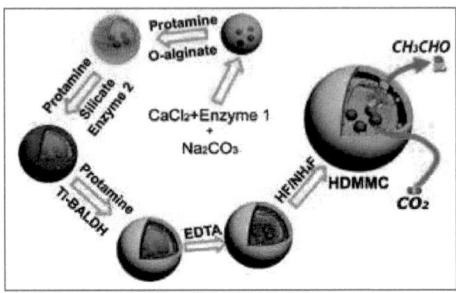

Figure 63 : Mode de stabilisation multi compartimenté développé par Z.Jiang et ses collaborateurs pour la transformation du CO_2 en formaldéhyde. Les enzymes sont immobilisées dans des nanocapsules d'alginate stabilisé par condensation de titane. [113]

L'apport de ces différentes immobilisations a été comparé au système des nanoparticules de silice appelées NPS utilisées dans ce travail de thèse. Les NPS sont des nanocapsules structurées par des phospholipides (majoritairement des phosphatidylcholines) et stabilisées par la condensation d'une couche de silice sur leur surface.

III.1.3 - Les nanocapsules de silice NPS

Les nanocapsules de silice se sont révélées être un moyen d'immobilisation adéquat pour l'immobilisation d'enzymes telles que la glucose oxydase (GOx), la horse radish péroxidase (HRP) et l'hémoglobine (Hb). Leur encapsulation dans un tel système permet une meilleure conservation de l'activité des enzymes par rapport aux sol-gel classiques[119]. L'encapsulation de systèmes bienzymatiques (GOx/HRP) et (GOx/Hb) a permis de produire in-situ H_2O_2 et d'oxyder les HAP.[34]

III.1.3.1 - Historique de la découverte des NPS

Les premiers matériaux mésoporeux utilisés pour l'immobilisation d'enzyme étaient les supports de type MCM-41. Les enzymes adsorbées voyaient leur stabilité augmentée.[120] L'encapsulation d'enzyme en synthèse directe de MCM-41 utilisant le cétyl trimétylammonium bromide (CTAB) comme structurant n'a pas donné de résultats concluants car le CTAB est un détergent puissant qui dénature les enzymes. L'utilisation d'un tensio-actif biocompatible comme les phospholipides a donc été testé pour structurer de nouveaux matériaux. Le laboratoire des Matériaux Avancés pour la Catalyse et la Santé (MACS) de Montpellier a découvert en 2004 un biomatériau silicique structuré à base de phospholipides extraits de jaunes d'oeufs et d'un co-tentioactif, la dodécylamine, obtenu dans un mélange eau/éthanol en utilisant du TEOS comme source de silice. Le matériau obtenu est une silice mésoporeuse spongieuse (SMS) similaire à une phase désordonnée de MCM-48 et a présenté des résultats supérieurs pour l'encapsulation de lipase par rapport aux produits commerciaux.[121] C'est au cours de l'optimisation des SMS par un plan d'expérience réalisé au cours d'un stage ingénieur ESCNM/TOTAL (annexe), qu'a été découvert le protocole de synthèse des nanocapsules poreuses de silice (NPS)[119] donnant de meilleurs résultats en oxydation catalytique que les SMS lors de l'encapsulation de l'hémoglobine.

III.1.3.2 - Le système phospholipides/éthanol/eau

Les NPS sont formés à partir de phospholipides dispersés dans l'éthanol qui se structurent avec l'ajout d'une solution aqueuse contenant les enzymes à encapsuler. Ce type de système triphasique (éthanol/phospholipide/eau) est un mélange complexe peu étudié pour l'immobilisation d'enzymes. [122-125] La présence d'éthanol dans une bicouche de phospholipides induit l'interdigitation des chaines alkyles.[123] Les molécules d'éthanol s'insèrent entre les têtes des phospholipides et stabilisent les chaînes alkyles des phospholipides dont la tête hydrophyle se situe du côté opposé de la bicouche[126] (Fig. 64).

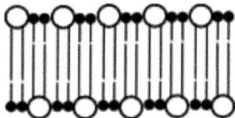

Figure 64 : Schéma illustrant l'interdigitation des phospholipides, une molécule d'alcool interagit avec une des chaînes alkyle du phospholipide (image tiré de Kranenburg, M. Smit, B. Simulating the effect of alcohol on the structure of a membrane, FEBS Lett 2004 Jun 18;568(1-3):15-8.)

C'est la présence de molécules d'alcool entre les têtes de phospholipides qui entraîne un désordre de la bicouche lipidique et son interdigitation.[123, 124] La composition du système triphasique (alcool/phospholipide/eau) et la longueur de la chaîne alkyle de l'alcool font varier le polymorphisme des bicouches qui peuvent s'organiser en vésicules, liposomes ou gel visqueux (Fig. 65-a).[122, 126] L'alcool favorise les interactions entre les bicouches de lipides et permet l'agrégation et la fusion des liposomes.[125, 127] L'hydratation des bicouches interdigitées peut conduire à la formation d'un organogel de phopsholipides[128] qui s'organise en liposomes de plus en plus petits selon le taux d'hydratation du mélange[122] et qui peut atteindre des tailles de quelques centaines de nanomètres (0,35-0,86 µm diamètre).[129] Des simulations de membranes de phosphatidylcholines (POPC), phospholipides majoritaires contenus dans les jaunes d'œufs, avec de l'éthanol ont mis en évidence l'effet absorbant des bicouches vis-à-vis des alcools et leur variation d'épaisseur en fonction de la quantité d'alcool absorbée. Dans un mélange eau/éthanol (15% molaire) la bicouche est composée de près de 30% d'éthanol (molaire).[130] T. Nii et F. Ishii ont montré la variation d'organisation des phospholipides en fonction de la nature de l'alcool utilisé. La force ionique de la solution aqueuse influence également l'organisation tridimensionnelle de ces systèmes (Fig. 65-b).

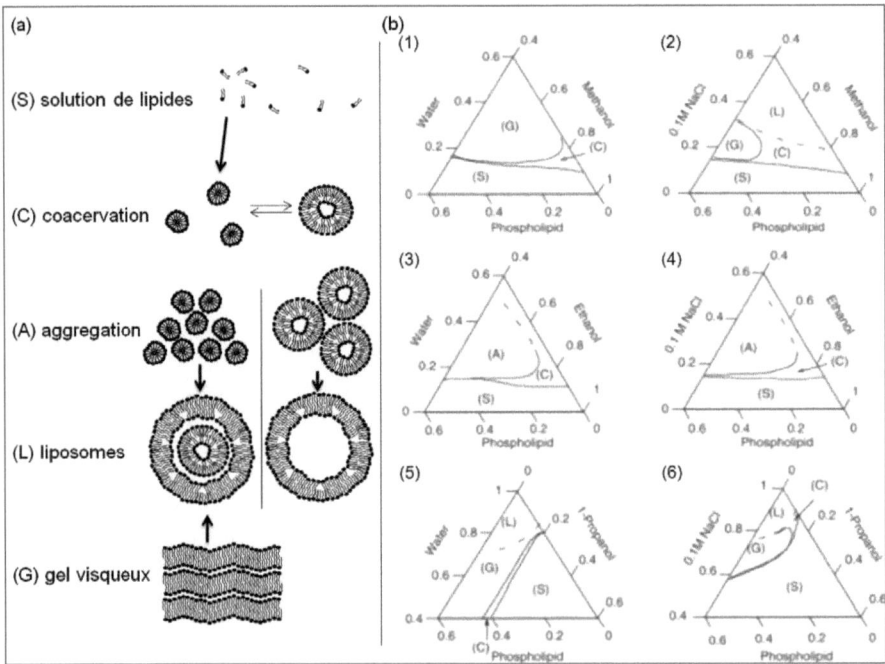

Figure 65 : (a) Polymorphisme des bicouches dans un système triphasique alcool/phospholipide/eau (selon T. Nii et F. Ishii[122]). Les phases de chaque région sont représentées par: (S)solution de lipides, (C)région de coacervation, (L)suspension de liposome, (G)gel visqueu, (A)région d' aggregation. (b) Diagrame ternaire des phases dans un mélange phospholipide éthanol eau/0,1 M NaCl. (1) phospholipide–méthanol–eau, (2) phospholipide–méthanol–0.1 M NaCl, (3) phospholipide–éthanol-eau, (4) phospholipide–éthanol–0.1 M NaCl, (5) phospholipide–1-propanol–eau,et (6) phospholipide–1-propanol–0.1 M NaCl.

Dans leur étude, les auteurs ont montré l'influence des ions chlorure et sodium qui sont des ions kosmotropiques (stabilisent et structurent les interactions eau-eau) et ont donc tendance à stabiliser plus fortement les interactions intermoléculaires des macrosystèmes. A l'inverse, l'ajout d'agents chaotropes, de grosses molécules à faible densité de charge (sucres, PEG) aura un effet déstabilisant sur ces structures.[122] Il a été montré que des tensio-actifs à tête de sucre pouvaient aussi altérer la structure ordonnée des phosphatidylcholines (en bicouche de phospholipides) et former des micelles mixtes DPPC/DM.[131] L'ajout d'un cotensioactif tel que la dodécylamine permet également d'augmenter la courbature de l'interface huile/eau, et donc de diminuer les rayons de courbure de liposomes, ce qui permet l'apparition de nouvelles structures. La présence d'un alcool permet d'accéder à des systèmes plus complexes à l'intérieur même de la bicouche lipidique,[130] ce qui va permettre une structuration en phase SMS (réseau tridimensionnel) ou NPS (capsules) en fonction de la quantité d'éthanol.

III.2 - Synthèse des biomatériaux de type NPS

La synthèse des NPS emploie un mélange de lécithine d'œuf (phospholipides), dodécylamine (notée $C_{12}NH_2$), lactose, éthanol, eau et TEOS. Nous avons vérifié l'influence de plusieurs paramètres de la synthèse NPS afin d'en comprendre la formation. L'influence de la dodécylamine tout d'abord qui catalyse la condensation du TEOS et participe à l'organisation des phospholipides. L'influence de l'alcool qui interdigite les bicouches de phosphatidylcholine et qui peut être responsable de la désactivation des enzymes pendant le processus d'encapsulation. Nous avons également essayé de nouveaux catalyseurs bioinspirés (urée, acides aminés) pour la condensation de la silice. Nous avons vérifié l'effet de la stabilisation des enzymes par l'ajout de sucre ou du greffage d'un polymère sur les enzymes avant leur encapsulation.

Les enzymes qui permettent la biotransformation du CO_2 en méthanol ont été encapsulées par le protocole initialement développé par A. Galarneau et ses collaborateurs.[119] L'enzyme du système de régénération du NADH (PTDH) a été également stabilisée dans les NPS, soit seule, soit en présence des 3 enzymes de la biotransformation. Nous avons synthétisé des NPS ne contenant pas d'enzyme en parallèle qui ont servi de blancs de réaction.

III.2.1 - Protocole de synthèse des biomatériaux NPS pour la conversion du CO_2 en méthanol

III.2.1.1 - Protocole de synthèse

La première des synthèses ne contient pas de protéine et est utilisée comme blanc de réaction, elle est nommée RCD001. Deux synthèses supplémentaires correspondent à l'encapsulation des 3 enzymes de la biotransformation (FateDH, FaldDH et YADH) (notée RCD002) et à l'encapsulation de l'enzyme de régénération du cofacteur (PTDH) (notée RCD003). Une dernière synthèse est réalisée (RCD004), correspondant à la co-encapulation des 4 enzymes.

Les 4 synthèses sont effectuées de la même façon. Une première solution organique commune est préparée contenant 101 mg de lécithine à 60%, extraite de jaune d'œuf, (Sigma #61755) et 7,5 mg de dodécylamine dans 287,5 µL d'éthanol absolu. Quatre solutions aqueuses sont alors préparées. La phase aqueuse de RCD001 contient 150 µL de tampon phosphate (0,1 M pH 7) et 1,3 mg de β-D-lactose. Celle de RCD002 contient en plus FateDH (7,5 µg), FaldDH (112 µg) et YADH (488 µg), (masses exprimées en µg de poudres commerciales). La solution aqueuse de RCD003 contient elle l'enzyme PTDH (522 µg de protéine pure) en plus du tampon et du phosphate. Et la solution aqueuse de RCD004 contient FateDH (1µg), FaldDH (15 µg), YADH (75 µg) (exprimé en µg de poudre commerciale) et 522 µg de PTDH (protéine pure). La solution organique est homogénéisée 2 minutes à température ambiante par vortex, et 43,2 µL de solution sont introduits dans chacun des 4 différents tubes Eppendorf de 1,5 mL (43,2 µL chacun). Les solutions sont homogénéisées à 37 °C et les différentes solutions aqueuses sont ajoutées goutte à goutte sous agitation magnétique (1300 tr.min^{-1}). Après homogénéisation (3 minutes, sous agitation magnétique, 1300 tr.min^{-1}), le précurseur silicique (TEOS, 24,3 µL) est ajouté goutte à goutte dans chaque tube et les solutions sont homogénéisées à 37 °C sous agitation magnétique (1300 tr.min^{-1}) pendant 1 heure. Le mélange est alors laissé 22 heures supplémentaires sans agitation.

Après gélification, les nanoparticules en suspension ne peuvent précipiter que par ultra centrifugation. Nous avons ajouté 0,6 mL de solution tampon (phosphate de potassium, 0,1 M, pH 7) qui permet d'écranter la charge négative des particules de silice et entraîne leur coagulation. Les tubes Eppendorf sont centrifugés pour séparer les particules de la solution aqueuse (13 000 tr.min^{-1}, 10 minutes, température ambiante). Les surnageants sont décantés, séparés sur colonne d'exclusion stérique (Sephadex G-25) et la quantité de protéine est dosée dans chacune des 18 fractions récoltées. Les particules sont lavées 4 fois en tout par le même procédé (ajout de 0,6 mL de solution tampon 0,1 M pH7 et centrifugation 13 000 tr.min^{-1}, 10 minutes, température ambiante). Le matériau est ensuite séché par lyophilisation pendant 12 heures.

III.2.1.2 - Caractérisation des nanocapsules

Une partie de chacun des surnageants de lavage (200 µL) est déposée en tête de colonne, les profils d'élution sont comparés à celui de référence. Après un dosage quantitatif des fractions contenant les protéines, un simple calcul permet de déterminer le taux d'encapsulation. La quantité de protéine non encapsulée et la masse de NPS synthétisé nous permettent de définir le taux d'encapsulation. Les nanoparticules utilisées pour les biotransformations encapsulent pratiquement la totalité des protéines en solution. Les interactions des protéines avec la bicouche lipidique permettent leur stabilisation lorsque la membrane se recourbe pour encapsuler totalement les protéines. La comparaison des profils d'élution d'un surnageant théorique n'encapsulant pas de protéine et de ceux des différentes synthèses (Fig. 66) rend compte de la capacité du matériau à encapsuler les protéines.

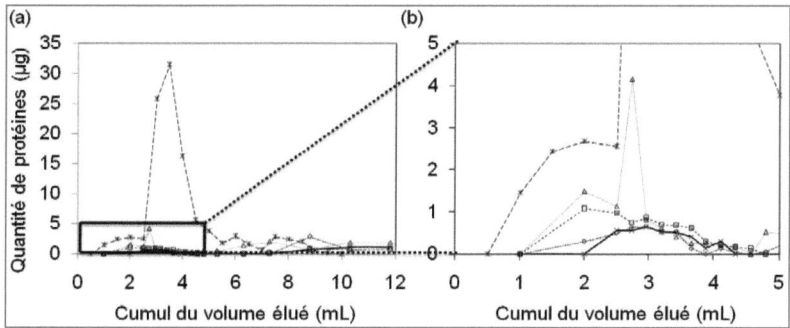

Figure 66 : (a) Comparaison de profils d'élutions : (--) pas d'encapsulation, (-*-) RCD01, (-◊-) RCD02, (-●-) RCD03, (-▲-) RCD04. (b) Zoom sur la région d'élution des protéines.*

Les biomatériaux encapsulent systématiquement plus de 95% des protéines en solution (Tableau 1) donnant des taux d'immobilisation compris entre 20 mg$_{enzymes}$/g$_{matériau}$ et 50 mg$_{enzyme}$/g$_{matériau}$.

Tableau 1 : Concentration d'enzymes dans les surnageants de synthèse permettant de calculer les taux d'encapsulation de chaque synthèse et la quantité d'enzymes dans les biomatériaux.

Matériau	[enzymes] (dans le surnageant) (mg.L^{-1})	Taux d'encapsulation (%)	Quantité d'enzyme immobilisée mg$_{enzyme}$/g$_{NPS}$
RCD002 (3 enzymes)	11	97	27,5
RCD003 (PTDH)	24	96	41,1
RCD004 (4 enzymes)	2	99	43,9

La formation des nanocapsules est expliquée par l'empilement des bicouches de phospholipides très mobiles qui, après inclusion des enzymes avec l'hydratation des bicouches de phospholipides, forment des nanocapsules interconnectées par hémifusion des bicouches de phospholipides. Après l'ajout du TEOS, une coquille de silice se forme tout autour des nanocapsules (Fig. 67).

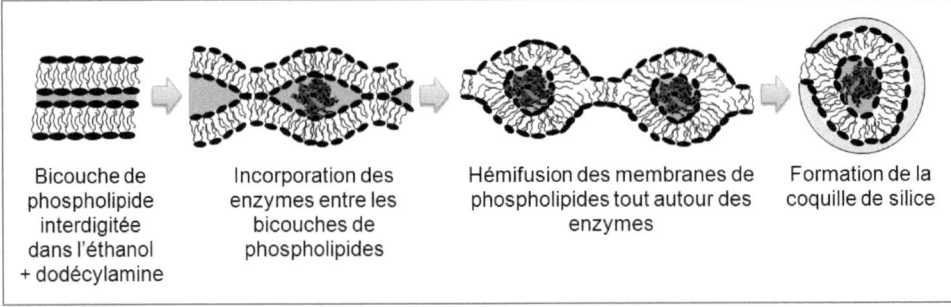

Figure 67 : Mécanisme de formation proposé des nanocapsules de silice structurées par des phospholipides.

Les images obtenues par cryo-TEM (Fig. 68) sur des coupes de 0,7 nm montrent des diamètres de nanocapsules entre 20 et 40 nm qui sont interconnectées par des ponts de bicouches de phospholipides. L'épaisseur de la couche de silice autour des capsules est entre 3 et 5 nm, et l'épaisseur diminue à l'approche des interconnections et disparaît. L'épaisseur de la couche de phospholipide à l'intérieur des nanocapsules de silice est estimée entre 3 et 6 nm.

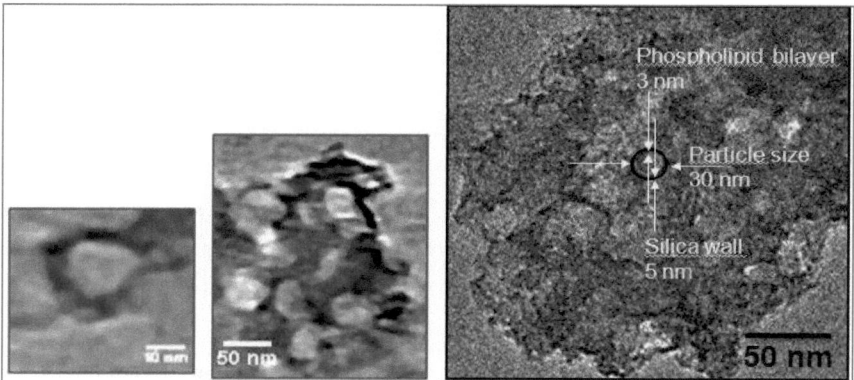

Figure 68 : Clichés obtenus par CryoTEM-3D.

La distance caractéristique de ~8 nm observée par DRX, correspond probablement à la distance de répétition fournie par la couche de silice et celle de phospholipides (Fig. 69-a). Après sonication dans l'eau, la taille des nanoparticules a été mesurée par diffusion de la lumière (Fig. 69-b). Elles ont des tailles variées entre 20 et 50 nm comme déterminé avec les analyses faites par Cryo-TEM (Fig. 68). Vu la taille des enzymes encapsulées (10-20 nm) et l'épaisseur des couches de phospholipides et de silice (3 à 5 nm), la taille des nanocapsules attendue (22-40 nm) est en accord avec les mesure faites en DLS (Fig. 69-b). Cela indique que les enzymes ont tendance à être encapsulées séparéement. L'apport de l'encapsulation sur chacune des enzymes séparement n'est pas connu, il faut alors relever que le rapport massique optimal entre les enzymes, libres et encapsulées, est susceptible de varier.

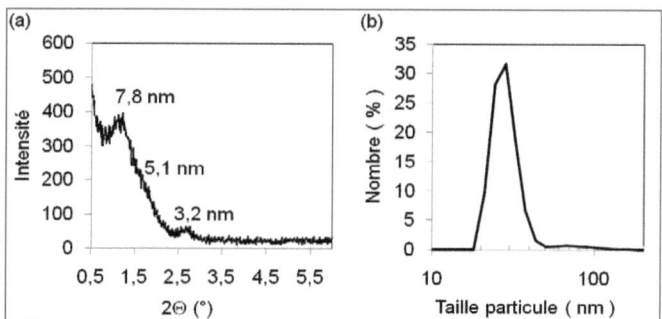

Figure 69 : a) Diffractogramme de rayons X d'un biomatériau NPS renfermant les 4 enzymes de la biotransformation. b) Répartition de taille des nanoparticules du même matériau NPS.

L'analyse thermogravimétrique des particules (annexe) montre que les nanocapsules contiennent 470 mg de matière organique par gramme de NPS. Les pores du matériau étant remplis par les phospholipides, seule la porosité interparticulaire est visible et est autour de 20 nm. La surface externe des particules est de 24 $m^2.g^{-1}$ (Fig. 70-a). Le potentiel de surface des particules est négatif autour de – 15 mV à pH 6,5 montrant que la surface externe est majoritairement de la silice (sans bicouche de phospholipides autour) (Fig. 70-b). La force de répulsion ionique n'est pas suffisante (potentiel Zeta > -30 mV) générant l'agrégation des particules comme cela est visible sur les images obtenues par microscopie électronique à transmission (annexe).

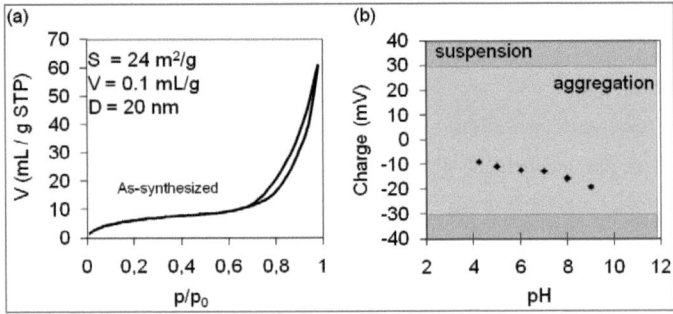

Figure 70 : Caractérisation d'un matériau NPS encapsulant les enzymes de la biotransformation. (a) Isotherme d'adsorption/désorption d'azote à 77 K. (b) mesure du potentiel Zeta des particules à différents pH.

III.2.2 - Etude de l'influence de l'amine et de l'alcool dans la formation des NPS

III.2.2.1 - Rôle de la dodécylamine et du type d'alcool

La dodécylamine a été choisie comme catalyseur pour la condensation du TEOS dans les synthèses SMS et NPS car l'utilisation de NaF à la place de l'amine n'a pas permis de conserver une activité enzymatique.[121, 132] La dodécylamine est un produit chimique corrosif et nocif pour l'environnement. Cette molécule tensioactive peut mener à la dénaturation des enzymes par insertion de la chaîne alkyle de la dodécylamine dans les poches hydrophobes de l'enzyme. La synthèse de nanoparticules NPS par voie verte implique le remplacement de ce produit chimique par des amines de nature différente. S.M. Jones a montré le rôle catalytique des amines dans la condensation du TEOS, l'ajout d'amines peut faire varier le temps de gélation d'un sol d'un facteur 10000. Cependant le mécanisme catalytique n'est pas encore complètement élucidé bien que les mécanismes les plus probables soient la catalyse nucléophile.[133-135] Le pKa de la dodécylamine est de 10,63, ce qui signifie que les amines sont quasiment toutes protonées à pH 6,5, pH du tampon de la synthèse NPS. Cependant l'étude théorique de l'organisation des systèmes SMS a montré qu'en présence de phosphatidylcholine, une interaction ionique entre la dodécylamine et la choline empêche la protonation de l'amine qui peut donc catalyser la condensation de la silice.[136] Dans le but de définir si la dodécylamine a un rôle structurant prépondérant dans la formation des NPS, nous avons comparé deux séries de synthèse avec et sans dodécylamine.

De plus, l'éthanol est reconnu nocif pour les enzymes mais a un effet structurant sur les phospholipides. L'étude sur l'interdigitation des phospholipides décrite par B. Smit et N. Kranenburg montre que l'éthanol peut être remplacé par d'autres alcools qui pourraient avoir un effet moins dénaturant pour les protéines.[126] Nous avons donc synthétisé deux séries de NPS dans 4 alcools différents, l'une des séries ne contenant pas de dodécylamine.

Pour cette étude, nous avons choisi d'encapsuler la horse radish peroxidase (HRP) au lieu de FateDH, FalDH et YADH pour des raisons de coûts. Les synthèses sont effectuées dans un bain marie à 37 °C, la solution organique contient 0,2 g de lécithine (60%, extraite de jaunes d'œuf) dissous dans 1 g d'alcool. 25 mg de dodécylamine sont ajoutés pour l'une des deux séries. Les solutions organiques sont agitées par un barreau magnétique pendant l'ajout, goutte à goutte, de la solution aqueuse (3,6 mL tampon phosphate 0,1 M pH 7 contenant 25 mg d'enzyme HRP et 25 mg de β-D-lactose), et pendant l'ajout du précurseur silicique (TEOS, 0,5 g), chacun des ajouts se fait goutte à goutte. Les synthèses contenant la dodécylamine sont agitées pendant 10 minutes, puis la formation du gel empêche la rotation du barreau aimanté. Les synthèses ne contenant pas la dodécylamine sont agitées 10 minutes et laissées en statique. La formation du gel a lieu après 16 heures de réaction. Toutes les synthèses sont lavées de la même façon avec ajout de tampon phosphate et centrifugation 4 fois.

La comparaison des gels obtenus avec ou sans dodécylamine (notée $C_{12}NH_2$) permet de voir l'effet catalytique de l'amine dans la formation du gel et l'homogénéisation des phases. Sans amine, les phases organique et aqueuse se séparent rapidement. Le TEOS et la lécithine sont solubilisés dans l'alcool alors que les enzymes et le β-D-lactose restent en phase aqueuse. La séparation de phase est moindre pour la synthèse dans le méthanol du fait de la meilleure miscibilité du méthanol dans l'eau. En effet le paramètre de solubilité selon la méthode de Hildebrand du méthanol ($\delta_{méthanol}$ = 29,7 $MPa^{1/2}$) est supérieur à celui de l'éthanol ($\delta_{éthanol}$ = 26 $MPa^{1/2}$) et à ceux des propanols (δ_{1-}

$_{propanol}$ = 24,4 MPa$^{1/2}$ δ$_{2\text{-propanol}}$ = 23,7.MPa$^{1/2}$). Plus la chaîne alkyle est longue ou ramifiée et plus la séparation de phase est favorisée et bien déterminée (Fig. 71). Pour obtenir un gel homogène il est donc nécessaire d'ajouter de l'amine. Une gélification rapide permet de garder la structure de l'émulsion initiale avant la séparation de phase, d'où la nécessité d'ajouter un catalyseur de condensation de silice.

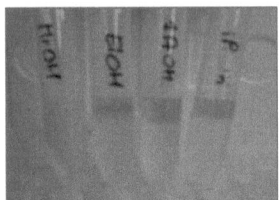

Figure 71 : Photo de la synthèse de NPS sans amine avec 4 alcools différents. Synthèse dans le méthanol, l'éthanol, le 1-propanol et l'isopropanol après 16h en statique.

L'effet de structuration de la silice par la dodécylamine en fonction des différents alcools utilisés a été suivi par MEB (Fig. 72). Quelque soit l'alcool utilisé, la présence de dodécylamine entraîne la formation d'un matériau plus divisé avec des tailles de particules plus petites. L'ajout de dodécylamine entraîne une courbure plus importante des structures siliciques. Avec ou sans dodécylamine, la taille des nanoparticules à l'air d'augmenter en fonction du type d'alcool utilisé selon la séquence : MeOH < EtOH < 1-PrOH < 2-PrOH.

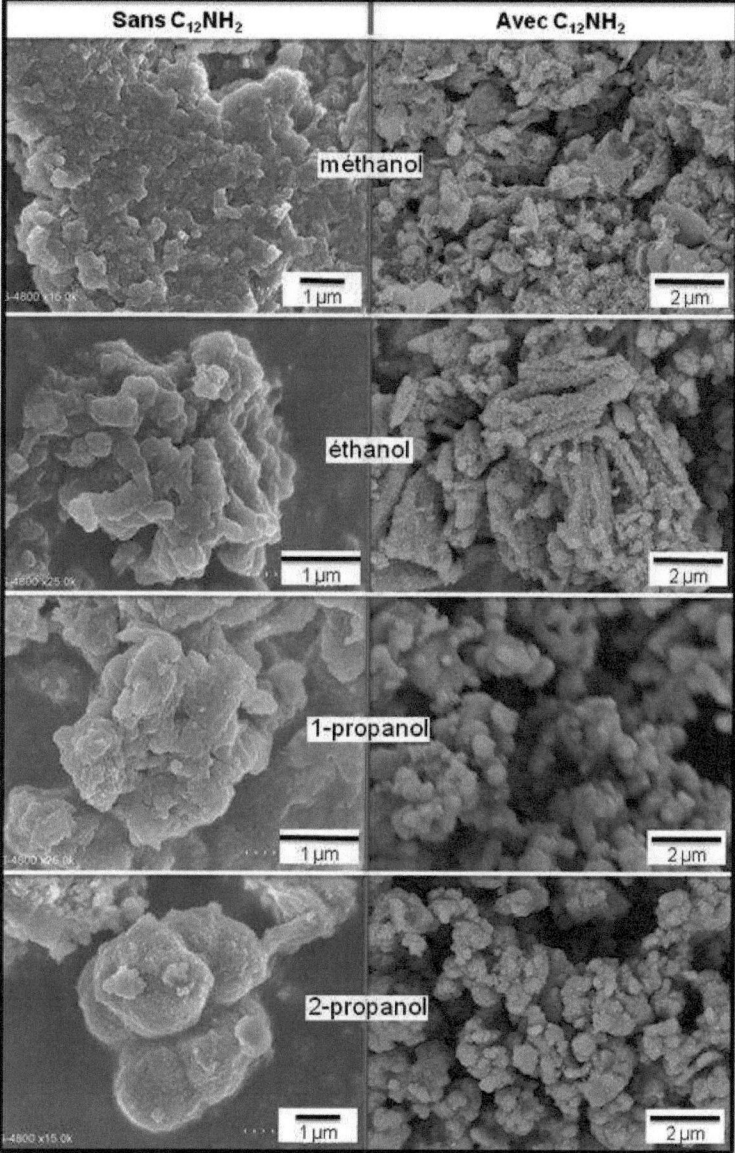

Figure 72 : Photos MEB des matériaux synthétisés avec et sans dodécylamine en fonction des différents types d'alcools : méthanol, éthanol, 1-propanol, 2-propanol.

Les particules obtenues sont en fait une agrégation de nanoparticules comme le montre les clichés MEB sur la figure 73.

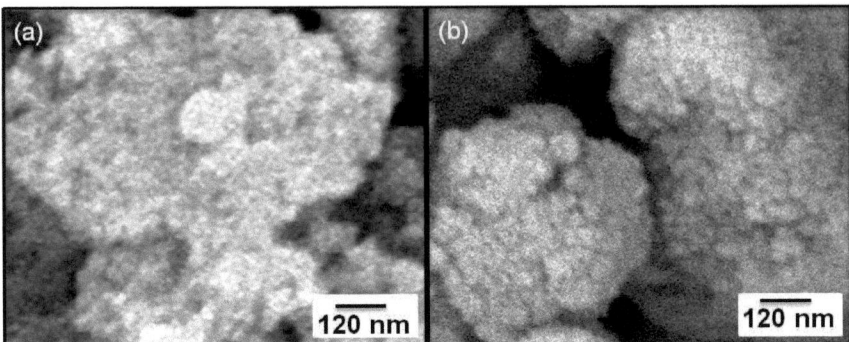

Figure 73 : Particules formées de l'agrégation des nanoparticules pour la synthèse avec la dodécylamine et (a) l'éthanol, (b) l'isopropanol.

D'après les clichés TEM, seule la synthèse avec de l'éthanol conduit à la formation de nanocapsules. L'isopropanol à l'air de favoriser la formation de liposomes recouverts de silice. Le 1-propanol donne une phase lamellaire et le méthanol des feuillets de phospholipides enroulés sur eux mêmes (Fig. 74).

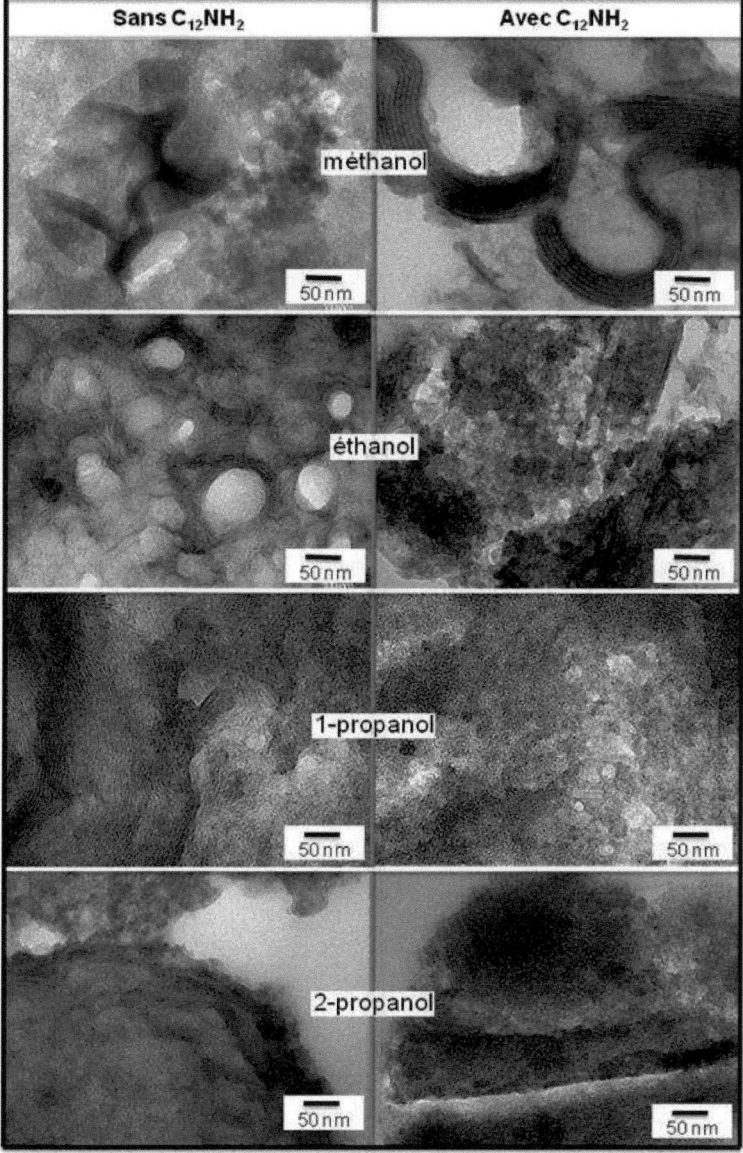

Figure 74 : Clichés TEM des particules synthétisées avec ou sans dodécylamine en présence de différents alcools : méthanol, éthanol, 1-propanol, 2-propanol.

L'examen approfondi des particules obtenues avec l'éthanol, l'isopropanol et la dodécylamine montre aussi la présence d'une autre phase type SMS. Il semblerait que la quantité de phospholipides utilisée dans cette synthèse (0,4 g/g$_{TEOS}$) au lieu de la quantité classique des NPS (0,7 g/g$_{TEOS}$) ne soit pas suffisante pour obtenir une phase homogène de nanocapsules. Ces quantités avaient pourtant été optimisées précédemment [119] mais sans que la pureté de la lécithine ne soit mentionnée. Cependant outre la phase tridimensionnelle SMS, on voit l'apparition sur les clichés TEM de nanoparticules sphériques de 20-40 nm (Fig. 75)

Figure 75 : Clichés TEM montrant la coexistence de phases SMS et de nanocapsules NPS dans les synthèses utilisant (a) l'éthanol et (b) l'isopropanol.

L'analyse des matériaux par ATG (Fig. 76) montre trois pertes de masse successives. De 35 à 200 °C, une très faible perte de masse (< 5%) correspond à la perte d'eau majoritairement, de 200 °C à 550 °C à la dégradation de toute la matière organique (lécithine majoritairement et dodécylamine) et de 550 °C à 900 °C à la perte d'eau due à la déshydroxylation de la silice. Le profil de la perte de masse relative des synthèses en présence de méthanol avec et sans dodécylamine sont similaires avec 50 % de perte de masse organique. Le matériau est dispersé et n'est que faiblement protégé par la silice

Les synthèses en présence de méthanol et d'éthanol permettent d'incorporer le plus de phospholipides dans les matériaux avec pratiquement 60 et 40 % d'organiques pour les synthèses avec l'éthanol sans et avec la dodécylamine, respectivement et avec 50% d'organiques pour les synthèses avec le méthanol avec et sans dodécylamine. La formation rapide du gel en présence de dodécylamine empêche l'incorporation de phospholipides, dans les synthèses avec le 1-propanol et le 2-propanol, avec seulement 20% d'incorporation de matière organique.

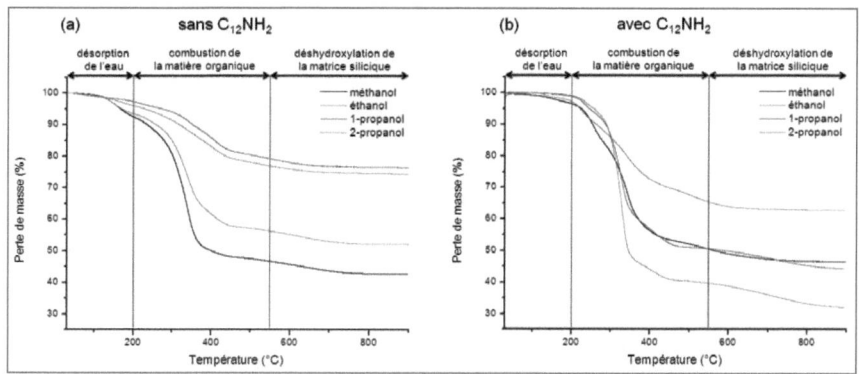

Figure 76 : Courbes d'analyse thermogravimétriques de 35 °C à 900 °C avec une montée en température de 10 °C .min⁻¹ (a) synthèses sans dodécylamine avec le méthanol, l'éthanol, le 1-propanol, le 2-propanol, respectivement. (b) Synthèses avec dodécylamine et avec le méthanol, l'éthanol, le 1-propanol, le 2-propanol, respectivement.

Les diffractogrammes de rayons X des matériaux synthètisés sans dodécylamine (Fig. 77) ne donne qu'un signal autour de 6 nm correspondant à la présence d'une phase lamellaire de phospholipides plus ou moins interdigitée selon la nature de l'alcool utilisé.[122, 137]

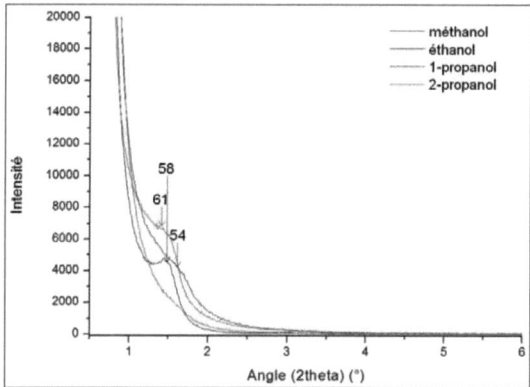

Figure 77 : Diffractogramme de rayons X des matériaux synthètisés sans dodécylamine et avec le méthnaol, l'éthanol, le 1-propanol et le 2-propanol, respectivement.

En conclusion, seul l'éthanol semble conduire à la formation de nanocapsules NPS et ceci en présence d'un catalyseur de la silice tel que la dodécylamine ($C_{12}NH_2$).

III.2.2.2 - Influence de la quantité de dodécylamine avec de l'éthanol.

Nous avons alors étudié l'influence de l'ajout de $C_{12}NH_2$ en quantité plus importante sur la structuration des matériaux. La synthèse classique de NPS optimisée dans les études précédentes correspondait à un rapport massique de (1 TEOS/2 EtOH/0,05 $C_{12}NH_2$/0,7 Lécithine/7,2 eau/0,05 lactose) équivalent à un rapport molaire (1 TEOS/9 EtOH/0,056 $C_{12}NH_2$/0,189 Lécithine/83 eau/0,030 lactose). Nous avons synthétisé 5 matériaux avec une quantité croissante de dodécylamine correspondant à des rapports $n_{C_{12}NH_2}/n_{TEOS}$ de 0,056 (synthèse classique de NPS) 0,084, 0,112, 0,140, et 0,168 en suivant le même protocole que précédemment. Nous avons observé que la masse de matériaux obtenus augmente proportionnellement avec la quantité de dodécylamine utilisée (Fig. 78-a). Après sonication, la taille des particules mesurée par diffusion de lumière (DLS) augmente pour des rapports $C_{12}NH_2$/TEOS > 0,14. Elle est de 50 nm pour des rapports $C_{12}NH_2$/TEOS = 0,06 et 0,08, et augmente à 100 nm pour un rapport 0,11, à 200 nm pour un rapport 0,14 et à ~500 nm pour 0,17 (Fig. 78-b).

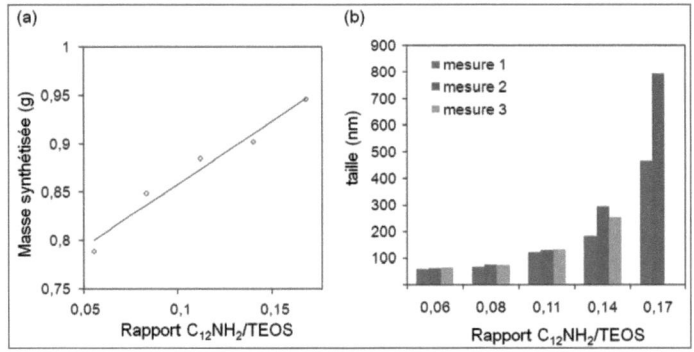

Figure 78 : (a) la masse de poudre synthétisée est proportionnelle à la quantité de dodécylamine utilisé lors de la synthèse. (b) Influence de la quantité d'amine utilisée sur la taille des agrégats de nanoparticules.

Les diffractogrammes de rayons X des matériaux (Fig. 79) montrent tous les mêmes pics, plus ou moins intenses situés à 1,3°, 2,8 ° et 5,5° en 2θ correspondant à des distances inter-réticulaires de 6,4, 3,2 et 1,6 nm. Les pics à 3,2 et 1,6 nm semblent indiquer la présence d'une phase lamellaire de phospholipides qui semble avoir disparu pour la synthèse $C_{12}NH_2$/TEOS = 0,08.

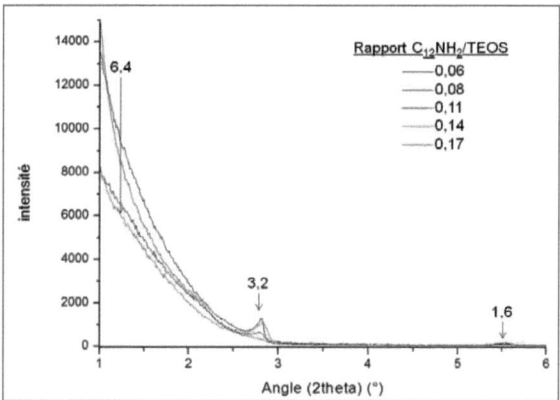

Figure 79 : Diffractogramme de rayons X de 5 matériaux comportant des quantités croissantes de dodécylamine (50 mg, 75 mg, 100 mg, 125 mg et 150 mg de dodécylamine pour 1g de TEOS)

Il serait donc intéressant d'étudier aussi par TEM la phase formée avec le rapport $C_{12}NH_2$/TEOS = 0,08 qui semble favoriser l'homogénéité du matériau, et éviter les traces de phases lamellaires. Cette quantité est supérieure à celle utilisée précédemment dans les NPS. Il est donc aussi important de voir s'il est possible de remplacer la dodécylamine par une amine moins toxique.

III.2.2.3 - Influence du type d'amine utilisé.

La dodécylamine a été remplacée par 3 amines de nature différente dans la synthèse des NPS (Fig. 80). La triéthylamine (TEA) qui possède un pKa similaire à la dodécylamine, l'urée qui est connue pour influencer la structure des phospholipides,[138] et l'acide aminé Histidine déjà utilisé pour la biosilification de matériaux.[139]

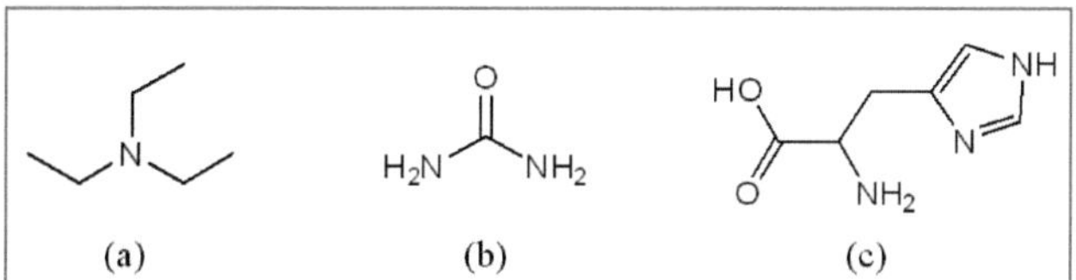

Figure 80 : Les amines utilisées pour remplacer la dodécylamine dans la synthèse des NPS : la triéthylamine (a), l'urée (b) et l'histidine (c).

La même quantité molaire d'amine a été ajoutée pour chaque synthèse correspondant à un rapport molaire $C_{12}NH_2$/TEOS = 0,06 et donc à une composition massique de 0,027 (triéthylamine/TEOS), 0,016 (Urée/TEOS), 0,042 (Histidine/TEOS).

Les synthèses ont été effectuées dans un bain marie à 37 °C. La solution organique contient 0,2 g de lécithine (60%, extraite de jaunes d'œuf, Sigma #61755) dans 1g d'éthanol. On ajoute ensuite 25 mg (0,134 mmol) de dodécylamine ou une quantité équimolaire de chacune des autres amines (triéthylamine, urée, histidine soit 13, 8, et 21 mg, respectivement). Les solutions organiques sont agitées par un barreau magnétique pendant l'ajout de la solution aqueuse composée de 3,6 mL tampon phosphate 0,1 M pH 7 contenant 25 mg de poudre d'enzyme (YADH, Sigma Aldrich) et 25 mg de β-D-lactose. La solution est homogénéisée sous agitation pendant 5 minutes. Puis le précurseur silicique (TEOS, 0,5 g) est ajouté goutte à goutte sous agitation. La solution est homogénéisée pendant 10 minutes sous agitation. Le gel est ensuite laissé vieillir pendant 16 heures à 37 °C. Toutes les synthèses sont lavées de la même façon en ajoutant 5 ml de tampon phosphate pH 7 puis sont transférées dans des tubes Falcon et centrifugées (10 000 tr.min^{-1}, 15 min) afin de séparer les particules qui précipitent des précurseurs de synthèse en solution dans le surnageant.

La nature des amines utilisées pour catalyser la condensation de précurseur silicique entraîne des différences structurales sur les matériaux. Lorsque la dodécylamine est échangée par une amine non tensioactive, on observe une perte totale de la structuration en nanocapsules et une formation privilégiée en liposomes multilamellaires recouverts de silice et des phases lamellaires (Fig. 81). L'utilisation de l'urée, qui est connue pour interdigiter les membranes de phospholipides, semble favoriser la formation de liposomes. Il semble donc difficile de s'affranchir d'un co-tensioactif dans cette synthèse, plusieurs solutions sont envisageable tel que l'utilisation de tensioactfs à tête sucre ou l'emploie de phosphatidylethanolamines, tout deux connu pour influencer la courbure de bicouches lipidiques.

Figure 81 : Clichés MEB et TEM de matériaux synthétisés dans l'éthanol avec la dodécylamine, la triéthylamine, l'urée et l'histidine, respectivement.

III.2.2.4 - Etude cinétique par DRX de la formation des matériaux obtenus avec la dodécylamine et l'urée

La formation des matériaux obtenus avec dodécylamine et l'urée a été suivie par diffraction des rayons X et permet de voir les différences d'organisation structurale au sein du matériau. Les matériaux ont été synthétisés de la façon suivante en utilisant la HRP (0,025g) comme enzyme. La synthèse avec la dodécylamine avait les rapports massiques suivants (1 TEOS/2 EtOH/0,05 $C_{12}NH_2$/0,7 Lécithine/7,2 eau/0,05 lactose) ceux avec l'urée était quasiment les mêmes avec des rapports massiques de (1 TEOS/2 EtOH/0,04 Urée/0,7 Lécithine/7,2 eau/0,05 lactose). A différents temps de la synthèse, des échantillons sont prélevés, séchés à l'air ambiant et analysés par diffraction des rayons X (Fig. 82-a, 82-b) pour la dodécylamine et (Fig. 82-c et 82-d) pour l'urée. Les diffractogrammes réalisés au temps t1 sur figure 82 a et c correspondent au mélange initial de phospholipides et d'amines dans l'éthanol. Le temps t2 correspond aux diffractogrammes obtenus après le mélange avec la solution aqueuse. Le temps t3 correspond au mélange final après l'ajout du TEOS. Les diffractogrammes des figures 82 b et d correspondent à différents temps de réaction après introduction du TEOS : t4 et t5 sont égaux à 15 et 30 minutes pour la dodécylamine et t4 à t7 correspondent à 15, 30, 90, 120 minutes pour l'urée.

Pour le mélange organique initial de la synthèse de NPS avec la dodécylamine on voit apparaître (a) 1 pic à 5,1 nm, (b) 2 pics à 4,37 et 2,2 nm et (c) 2 pics à 3,2 et 1,6 nm. Les familles (b) et (c) de pics correspondent à des phases lamellaires moins et plus interdigitées, respectivement. L'ajout de la solution aqueuse fait disparaître la phase lamellaire (b). Avec l'ajout du TEOS, assimilable à de l'alcool, la phase lamellaire (b) réapparaît. Au cours de la gélification, et de l'évaporation de l'éthanol produit par l'hydrolyse et la condensation du TEOS, la phase lamellaire (b) disparaît au profit d'une nouvelle phase montrant un pic à 5,3 nm qui par la suite se transformera en pic large autour de 7,8 nm (Fig. 69-a) après 24 heures de gélification. Ce déplacement de pic correspond à l'ajout de couches de silice pendant la gélification autour de la phase lamellaire de phospholipides de 4,4 nm et à son organisation en nanocapsules. Les phases (a) et (c) ne semblent pas se modifier pendant la gélification du matériau et sont retrouvées après 24h de gélification dans le diffractogramme de DRX final (Fig. 69-a).

Pour la synthèse avec l'urée, le mélange organique initial est structuré différemment avec en plus de la phase (a) montrant un pic à 5,1 nm, il y a 3 pics supplémentaires à 5,8, 2,6 et 1,8 nm. Après ajout de la phase aqueuse, les 3 pics supplémentaires disparaissent et seule la phase (a) caractérisée avec 1 seul pic à 5,1 nm subsiste. Cette distance semble correspondre à la distance intercouche dans les liposomes multicouches observées par TEM (Fig. 80).

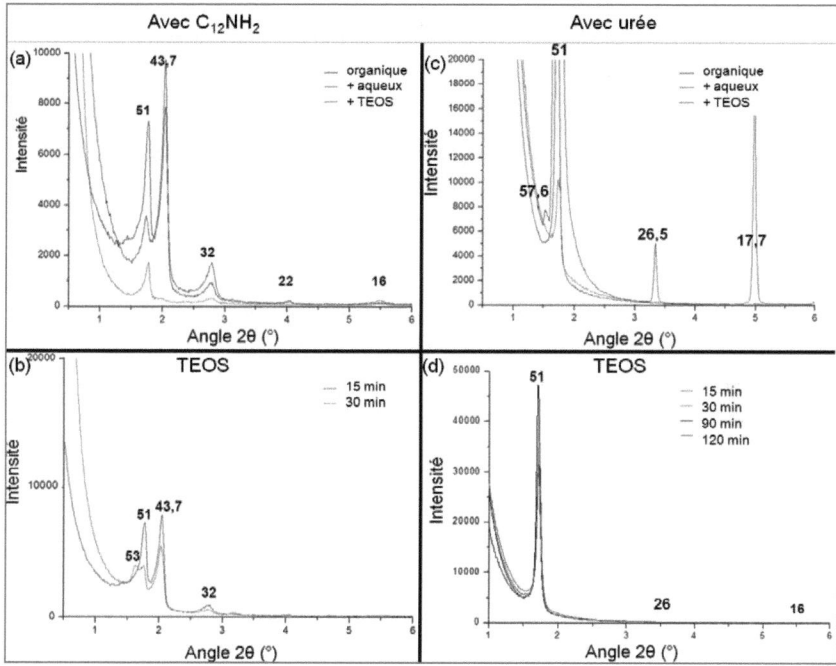

Figure 82 : Spectres DRX obtenus pendant la synthèse de NPS encapsulant HRP. (a,b) Selon le protocole de P.Laveille. (a) Etapes préliminaires de la solution organique (noir), du mélange avec la solution aqueuse contenant l'enzyme (rouge) et du mélange avec le début de l'ajout de TEOS (bleu). (b) Etapes finales après l'ajout de TEOS pendant 15 minutes (t1) et 30 minutes de mélange (t2). (c,d) En remplaçant la dodécylamine par l'urée. (a) La solution organique (noir), le mélange avec la solution aqueuse contenant l'enzyme (rouge) et du mélange avec le début de l'ajout de TEOS (bleu). (b) Etapes finales avec la fin de l'ajout du TEOS (t1-2), pendant la gélation (t3-5) et sec(t6).

La structuration en nanocapsules ne semble donc que possible en présence de dodécylamine et d'éthanol. Les pics supplémentaires observés en DRX (Fig. 82-b) à 5,1 et 3,2 nm sont donc dus à la présence, en plus des nanocapsules diffractant à 7,8 nm, d'une petite fraction de phase liposome (5,1 nm) et lamellaire (3,2 nm) dont la formation pourrait peut-être être évité en augmentant la vitesse de gélification du gel, et ce en augmentant la quantité d'amine à 0,08 $C_{12}NH_2$/TEOS (n/n) (Fig. 78-b).

Ne pouvant donc pas à priori remplacer la dodécylamine et l'éthanol dans la synthèse des NPS, nous avons étudié un autre moyen de protéger les enzymes pendant leur encapsulation (Chapitre 4).

III.3 - Conclusion Chapitre Matériaux

De nombreuses synthèses ont été effectuées pour permettre de comprendre la formation des nanoparticules de type NPS. Le mélange organique à base d'alcool et de phospholipide est un mélange complexe qui l'est d'autant plus par l'ajout d'un costructurant, la dodécylamine.[122] Le type d'alcool utilisé influence largement la structuration du mélange complexe, permettant des formulations variées allant de réseaux tridimensionnels spongieux (SMS) en passant par des organogels de phospholipides ou à des phases lamellaires interfusionnées organisées en liposomes multilamellaires (Fig. 83). La concentration en tampon phosphate influence également l'organisation du système triphasique eau/alcool/lécithine[122] et aurait pu également être étudiée.

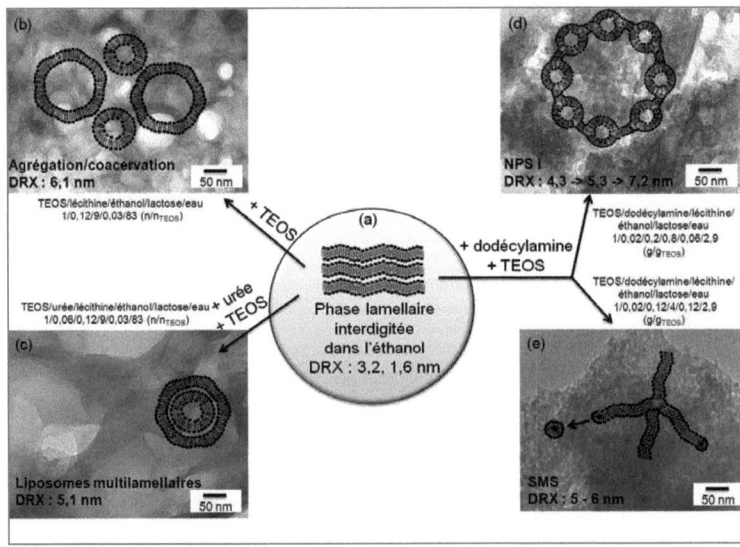

Figure 83 : Les différentes formulations accessibles : (a) phase lamellaire interdigitée dans l'éthanol transformé en réseau tridimensionnel par ajout de TEOS, en liposomes (b) mono et (c) multilamellaire avec l'ajout d'urée, (d) en particules de type NPS avec l'ajout de dodécylamine et (e) en SMS avec l'ajout de dodécylamine et d'éthanol.

Il semble évident que la dodécylamine soit le catalyseur de choix pour la condensation de la silice dans la synthèse des NPS. Sa présence change radicalement l'organisation des phospholipides dans le mélange eau/éthanol. La dodécylamine permet aux phospholipides de se recourber plus facilement pour former des nanocapsules. Les nanocapsules sont formées soit par fusion des membranes, soit par rétrécissement et disparition des membranes phospholipidiques.[140]

Les nanocapsules de NPS ont été observées grâce à la cryoTEM 3D. L'encapsulation des enzymes à l'intérieur des nanocapsules reste encore à définir en labélisant les protéines avec une sonde fluorescente. Cela permettrait de définir si les protéines sont adsorbées sur la surface de silice, insérées dans les feuillets de phospholipides ou directement encapsulées dans les nanocapsules. L'utilisation de méthanol, propanol et isopropanol n'a pas permis de former des nanocapsules, seul l'éthanol y parvient. Il en est de même pour le remplacement de la dodécylamine par l'urée ou l'histidine. Le mélange éthanol et dodécylamine est donc important pour structurer les nanocapsules de silice formées par interdigitation de couches phospholipidiques. L'éthanol et la dodécylamine étant reconnus pour être nocif pour les enzymes, il est donc important de les protéger en ajoutant des sucres comme le lactose ou encore le tétralose (le plus utilisé en industrie) pour les enzymes hydrophiles ou de les PEGyler par greffage de fonction PEG pour les autres.

CHAPITRE IV – Améliorations possibles du système polyenzymatique

CHAPITRE IV : Améliorations possibles du système polyenzymatique

La cascade enzymatique permettant de transformer le CO_2 en méthanol a pu être optimisée de manière rationnelle en ajustant chacun des paramètres de la transformation. Bien qu'elles proviennent d'organismes différents, nous avons trouvé le meilleur compromis qui permet de faire fonctionner les trois enzymes (formiate déshydrogénase de *Candida boidinii*, formaldéhyde déshydrogénase de *Pseudomonas putida* et alcool déshydrogénase de *Saccaromyce cerevisiae*) de façon optimale dans les mêmes conditions. Nous avons ensuite optimisé la quantité relative des trois enzymes de la biotransformation. Nous avons ensuite sélectionné le meilleur système de régénération pour le NADH, la phosphite déshydrogénase (PTDH). La quantité relative du système de régénération et du cofacteur à ajouter pour la biotransformation a été étudiée pour atteindre des conversions optimales. Nous avons également étudié l'ajout d'une pression, même modérée, qui a permis d'augmenter très nettement les capacités du procédé enzymatique.

IV.1 - Catalyse sous pression avec le système polyenzymatique encapsulé dans les nanocapsules de silice (NPS)

L'étude du système d'encapsulation du Chapitre 3 nous a emmené à encapsuler les enzymes dans les nanoparticules NPS développées au laboratoire.[119] L'influence de l'encapsulation sur l'efficacité de la biotransformation a été étudiée. L'activité des biomatériaux nommés RCD002 (encapsulant FateDH, FaldDH, YADH), RCD003 (encapsulant seulement PTDH) et RCD004 (encapsulant FateDH, FaldDH, YADH et PTDH) a été testée sous pression modérée de CO_2 (5 bar) à 37 °C pendant 3 heures. Une quantité connue de NPS est pesée et suspendue dans une solution tampon pH 6,5 (phosphate de potassium, 50 mM) avec NADH (100 mM) et Na_2HPO_3 (50 mM) (lorsque l'enzyme de régénération est présente) (Tableau 2). Le volume total de réaction est 100 µL, contenu dans des tubes Eppendorfs de 1,5 ml fermés et percés (diamètre 1 mm). La suspension de NPS est homogénéisée par sonication (3 x 3 secondes) et les tubes sont placés dans un réacteur de 250 ml, l'air présent est purgé par un flux de CO_2 pendant 1 minute. La montée en pression (P_F = 5 bar) est opérée avant celle en température (T_F = 37 °C).

Tableau 2 : Composition en nanocapsules NPS des Eppendorfs utilisés lors de la réaction de conversion du CO_2 en méthanol sous pression moyenne (0,5 MPa)

Test d'activité avec les NPS	masse	Na_2HPO_3 (50 mM)
B - sans régénération (RCD002)	2,47 mg$_{RCD002}$	non
C - système de régénération encapsulé séparément (RCD002 + RCD003)	0,76 mg$_{RCD002}$ + 3,6 mg$_{RCD003}$	oui
D - système de régénération co-encapsulé (RCD004)	2,60 mg$_{RCD004}$	oui

En fin de réaction, la température est descendue en positionnant le réacteur dans un bain de glace, le réacteur est décompressé et les tubes retirés et centrifugés 5 minutes à 11 000 tr.min^{-1}. Une partie des surnageants sont mélangés à l'étalon interne (solution de pentanol pur diluée 1000 fois) (9/1 v/v) et injectés en GC-FID.

Nous avons donc réalisé trois test catalytiques avec les enzymes encpasulées : (test B) encapsulées sans l'enzyme de régénération PTDH, (test D) les trois enzymes co-encapsulées avec la PTDH, et (test C) l'encapsulation séparées des 3 enzymes et de la PTDH (Fig. 84). Ces activités ont été comparées à l'activité des 3 enzymes en solution avec l'enzyme de régénération PTDH effectuée aussi à P = 0,5 MPa (test A). Pour cela les activités ont été comparées par grammes de poudre enzymatique commerciale regroupant FateDH, FaldDH et YADH.

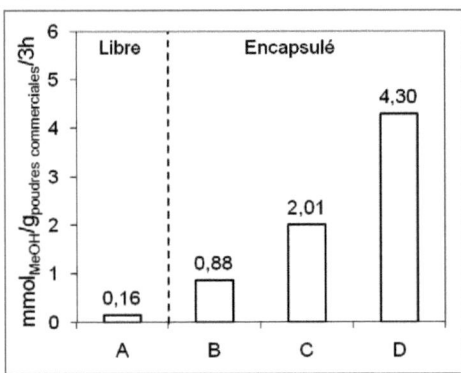

Figure 84 : Influence de l'encapsulation sur le système trienzymatique optimisé (FateDH/FaldDH/YADH à 10, 150, et 750 mg.L^{-1} respectivement ; n_{NADH} = 100 µmol) à 37 °C sous une pression de 5 bar. Régénération par PTDH (3,5 g.L^{-1}) et Na_2HPO_3 (50 mM). (A) système libre avec régénération, (B) système encapsulé sans régénération, (C) système encapsulé avec encapsulation séparée du système de régénération (PTDH), (D) système co-encapsulé avec l'enzyme de régénération.

L'encapsulation des enzymes dans les nanocapsules de silice NPS a permis d'augmenter très nettement la production de méthanol par rapport au système libre en solution. Les nanocapsules de silice NPS contiennent de la dodécylamine et il est bien connu que le CO_2 se complexe de manière réversible avec des amines.[71] Ce phénomène pourrait permettre l'accumulation du CO_2 auprès du site catalytique de la formiate déshydrogénase et ainsi augmenter la vitesse de réduction du CO_2 en formaldéhyde. L'effet catalytique de l'encapsulation semble évident, il est possible de le confirmer simplement en encapsulant séparément les deux dernières enzymes de la biotransformation et en laissant la formiate déshydrogénase sous sa forme libre. L'encapsulation des 4 enzymes est préférable à une encapsulation séparée. Dans l'ignorance que l'on a de la localisation des enzymes les unes par rapport aux autres et des parcours suivis par les molecules dans le milieu, les vitesses de conversions mesurées avec les nanocapsules sont certainement aussi dépendantes des processus de diffusion. L'importance d'utiliser un système de régénération du NADH est encore démontrée pour augmenter l'activité catalytique. L'encapsulation dans des nanocapsules de type NPS parait très prometteuse malgré les effets nocifs reconnus de la dodécylamine et de l'éthanol sur les enzymes. Il a déjà été montré que ce type d'encapsulation permettait d'augmenter la résistance des enzymes vis à vis de la température, et que leur utilisation pouvait être prolongée comparée à une enzyme libre.[119] Des améliorations du système ont alors été entreprises afin de stabiliser les enzymes avant leur encapsulation.

IV.1.1 - Stabilisation des enzymes par PEGylation

Bien que le système polyenzymatique soit déjà bien optimisé, il existe plusieurs voies permettant d'améliorer encore le procédé biocatalytique. Il a été montré notamment que, la stabilisation des enzymes avant leur encapsulation permet de conserver de meilleures activités catalytiques, et ceci est possible par greffage de chaînes de poléthylèneglycol sur les acides aminés de surface des enzymes.[44] Le problème majeur de l'encapsulation d'enzymes par des procédés Sol-Gel est l'altération de la structure tridimensionnelle des protéines à cause de la libération d'alcool produit pendant l'hydrolyse et la condensation des précurseurs siliciques. Une procédure de modification par le polyéthylène glycol développée par H. Wu et ses collaborateurs[44] a permis de mieux conserver l'activité de YADH lors de son encapsulation dans un sol-gel classique avec une conservation de 50% d'activité pour l'enzyme PEGylée contre 36% pour l'enzyme libre initiale encapsulée.

Afin de pouvoir greffer les chaînes PEG sur l'enzyme, le méthoxypolyéthylèneglycol est dérivé en carbonate de succinimidylcarbonate polyéthylèneglycol (SC-PEG) par la méthode de Zalipsky[141] pour être ensuite lié de façon covalente à l'enzyme (Fig. 85).

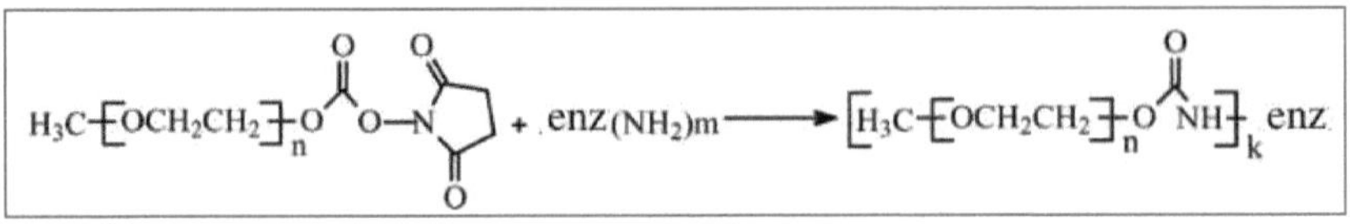

$$H_3C-[OCH_2CH_2]_n-O-CO-O-N(succinimide) + enz(NH_2)_m \longrightarrow [H_3C-[OCH_2CH_2]_n-O-CO-NH]_k-enz$$

Figure 85 : Principe de modification de l'enzyme par PEGylation (SC-PEG).

La dérivatisation du méthoxy PEG (CH_3-O-$(CH_2CH_2O)_n$-H) est faite à froid et à reflux en solution organique selon le protocole de H. Wu et ses collaborateurs.[44] : 60 g de PEG-méthoxy sont dissouts dans 200 ml d'un mélange toluène/dichlorométhane (3:1 v/v) auquel est ajouté 30 ml de phosgène 20%. L'activation de l'hydroxy terminal du méthoxy PEG se fait en 12 heures, sous agitation magnétique à 200 tr.min^{-1}. Le ballon utilisé pour la réaction est placé dans un bac de glace contenant NaCl et surmonté d'une colonne réfrigérante. Le PEG activé est séché sous vide à température ambiante pendant 3 heures puis redissout dans 150 ml de toluène/dichlorométhane (2 :1 v/v). Le N hydroxysuccinimide (2,1 g) qui permet la fonctionnalisation du PEG est ajouté et dissout à température ambiante, puis la triéthylamine est ajoutée pour démarrer la réaction pendant 3h30. Les solvants sont ensuite évaporés sous vide puis le solide redissout dans l'acétate d'éthyle. La solution est filtrée et le filtrat placé dans un bain de glace pour permettre la précipitation du SuccinymidylCarbonate-PEG (SC-PEG). Toutes les manipulations doivent se faire sous Sorbonne munie de l'équipement de protection nécessaire. Pour quantifier la quantité de PEG dérivatisé, on dissout 1g de la poudre synthétisée dans 10 ml de dichlorométhane auquel est ajouté 0,545 ml de benzylamine. La réaction du PEG modifié avec la benzylamine se passe à température ambiante pendant 2 heures. Le taux de greffage est obtenue par un dosage pHmétrique en ajoutant du $HClO_4$ (0,99 M) à 1,5 ml de la solution de benzylamine qui vient de réagir. Lors de l'ajout d'une solution d'acide, le pH va diminuer et chuter brutalement lorsque l'équivalence sera atteinte (Fig. 86).

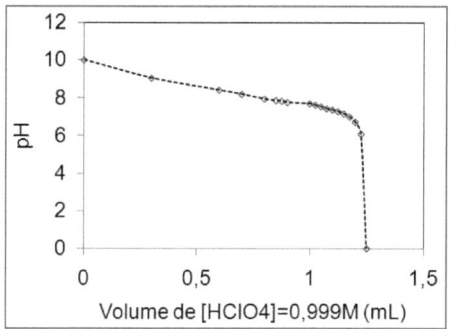

Figure 86 : Dosage de la benzylamine en excès par l'acide perchlorique

L'équivalence est atteinte pour un volume de 1,25 ml d'acide correspondant à 550 nmoles de benzylamine dosées sur 748 nmoles de benzylamine ajoutées en début de réaction. Cela correspond donc à 198 nmoles de benzylamine qui ont réagi avec le PEG modifié sur les 200 nmoles de PEG ajoutées à l'origine, soit un taux de dérivation du méthoxy-PEG en SC-PEG de 99%.

L'attachement covalent du SC-PEG aux enzymes s'effectue à température ambiante. Le SC-PEG (7 mg) est dilué dans une solution tamponnée (0,1 M, pH 7) en présence d'une enzyme (6 mg) et le mélange est agité avec un barreau aimanté à 250 tr.min^{-1} pendant trois heures. La solutions d'enzyme PEGylée résultante est ensuite directement utilisée.

Un test pour déterminer l'effet de la stabilisation par le greffage du SC-PEG a été tout d'abord effectué sur l'enzyme phosphite déshydrogénase (PTDH, produite en fermenteur). Nous avons voulu savoir quel pourrait être l'apport de la PEGylation des enzymes lors de leur encapsulation dans des nanoparticules de silice (NPS) utilisant des phospholipides, du lactose, du TEOS et des amines telles que la dodécylamine pour structurer les particules. La dodécylamine est un tensio-actif toxique qui peut dénaturer les enzymes. Nous avons vérifié cela en incubant l'enzyme PTDH libre (65 mg.L^{-1}) et l'enzyme PTDH PEGylée (65 mg.L^{-1}) dans un tampon pH 7 à 0,05 M (MOPS, acide 3-(N-morpholino)propanesulfonique[142]) en présence ou non de dodécylamine (37 mM) pendant 12 heures. Un test d'activité des enzymes libres et PEGylées (6,5 mg$_{enzyme}$.L^{-1}, les solutions d'enzymes initiales sont diluées 10 fois) a été réalisé en présence du cofacteur NAD$^+$ (1 mM) et du substrat phosphite (1,5 mM). L'apparition du NADH a été suivie en UV-vis en suivant l'évolution de l'absorbance du NADH à 340 nm (Fig. 87).

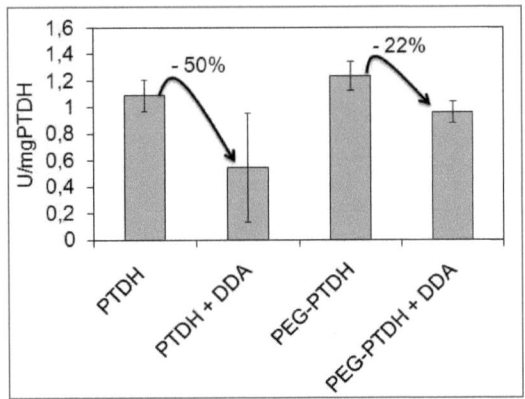

Figure 87 : Activité de l'enzyme phosphite déshydrogénase (PTDH) initiale et PEGylée (PEG-PTDH) après incubation 12 heures à température ambiante en présence ou non de dodécylamine (DDA).

L'effet bénéfique de la PEGylation sur la conservation de l'activité de l'enzyme en présence de dodécylamine (DDA) est très visible (Fig. 87). La perte d'activité de la PTDH en présence de DDA diminue de 50% alors que la perte n'est que de 22% quand l'enzyme est protégée par PEGylation. Il y a donc tout intérêt à PEGyler les enzymes avant leur encapsulation dans une synthèse utilisant des agents toxiques pour les enzymes comme la DDA et l'éthanol.

L'influence de la PEGylation a été également testée sur la première enzyme de la biotransformartion, la formiate déshydrogénase. Une solution de PEG-FateDH = 0,3 $g_{poudre\ commerciale}.L^{-1}$ a été obtenue comme précédemment et a été testée en réduction pour la transformation du CO_2 en formiate. L'enzyme a été incubée dans un tampon tris-HCl (0,1 M, pH 7) en présence de NADH à différentes concentrations (0,5, 1 et 2 mM) et de bicarbonate de sodium (40 mM) comme source de CO_2 à 37 °C pendant 120 minutes. La diminution de l'absorbance du NADH à 340 nm a été comparée à un blanc sans enzyme. La PEG-FateDH présente une activité catalytique plus de 100 fois supérieure à celle de l'enzyme non PEGylée. En effet, la vitesse de réduction du CO_2 en formiate par la FateDH de départ est de 0,004 $\mu mol.min^{-1}.mg^{-1}$ (pour m_{NADH}/m_{FateDH} = 0,35 g/g) alors que l'enzyme PEGylée est capable de réduire le CO_2 en formiate en 0,3, 1,3 et 2 $\mu mol.min^{-1}.mg^{-1}$, pour m_{NADH}/m_{FateDH} = 1,2, 2,4 et 4,8 g/g, respectivement. La variation du rapport m_{NADH}/m_{FateDH} entre les deux expériences est minime, la disponibilité du CO_2 étant le facteur limitant l'activité des enzymes. La concentration en carbonate initiale est différente (0,1 mM pour

FateDH contre 40 mM pour PEG-FateDH), mais avec l'équilibre du CO_2 entre les phases gazeuse et aqueuse, une même quantité de $CO_2(g)$ est supposée être disponible en solution. L'augmentation de l'activité catalytique de la PEG-FateDH s'explique par l'effet de solubilisation du CO_2 par les chaînes de polyéthylèneglycol, augmentant la disponibilité du CO_2 auprès de l'enzyme.

L'influence de la PEGylation a aussi été testée sur la 3ème enzyme de la biotransformation, l'alcool déshydrogénase (YADH) pour la réduction du formaldéhyde en méthanol. L'enzyme modifiée PEG-YADH (10 mg.L^{-1}) a été incubée dans un tampon phosphate de potassium (0,1 M, pH 6,5) en présence de NADH (1 mM). L'activité catalytique a été suivie pour des concentrations variables de formaldéhyde (HCHO, 0 à 100 mM), puis à concentration fixe de HCHO (10 mM) en faisant varier la concentration du cofacteur (NADH, 0 à 0,7 mM). La constante de Michaelis pour le NADH reste inchangée (Km = 0, 05 mM) alors que celle du formaldéhyde est largement diminuée (Km = 0,02 mM contre 23 mM sans PEGylation), ce qui signifie une bien meilleure activité enzymatique pour la PEG-YADH comme démontré précédemment par H. Wu et ses collaborateurs.[44] La PEGylation de la 2ème enzyme de la biotransformation, la formaldéhyde déshydrogénase, n'a pas été testée faute de temps.

En conclusion, la PEGylation des enzymes est une procédure simple et rapide qui ne nécessite pas beaucoup de matériel et qui permet d'obtenir de meilleures activités des enzymes en les stabilisant. La PEGylation des enzymes de ce système polyenzymatique suivi de leur encapsulation dans les NPS devrait permettre d'améliorer très nettement la productivité du système en stabilisant les enzymes et en favorisant la disponibilité du CO_2 pour la première enzyme (FateDH).

IV.1.2 - Comparaison avec la littérature

Afin d'augmenter la disponibilité du CO_2 gazeux dissous dans l'eau, B.C. Dave et Z. Jiang et ses collaborateurs utilisent un bullage constant du CO_2 dans leur réacteur. Il leur faut pouvoir atteindre de grandes vitesses de conversion pour obtenir des rendements de transformation à moindre coûts, surtout dans le cas de l'utilisation de CO_2 purifié. Nous n'avons pas pu reproduire leur mise en œuvre car le bullage continu du CO2, en présence de l'enzyme YADH libre, a entraîné la formation d'une mousse qui s'échappe du réacteur. Le groupe de Z. Jiang a également étudié la transformation du CO_2 en méthanol, sous pression de 3 bar avec un bullage constant de CO_2 avec des enzymes encapsulées dans un sol-gel de silice, et avec 5 bar de CO_2 avec un bullage constant pour des enzymes encapsulées dans des billes d'alginate. Les meilleures activités obtenues par le

CHAPITRE IV : Améliorations possibles du système polyenzymatique

groupe de Z. Jiang l'ont été avec un bullage constant de CO_2 sans pression, avec les enzymes encapsulées dans des particules hybrides titane/protamine. Z. Jiang et ses collaborateurs ont montré qu'en terme d'activité, le type d'encapsulation choisi est plus important que la pression.

Dans la figure c, nous comparons les résultats obtenus avec ceux décris dans la littérature. Z. Jiang et ses collaborateurs,[46] en immobilisant les enzymes dans des particules de titane structurées par de la protamine, et en absence de système de régénération, ont atteint des rendements de 0,83 $mmol_{MeOH} \cdot g_{poudre\ d'enzyme\ commerciale}^{-1}$ proche des rendements obtenus avec le système d'encapsulation NPS (de 0,88 $mmol_{MeOH} \cdot g_{poudre\ d'enzyme\ commerciale}^{-1}$). B.C. Dave et ses collaborateurs,[39] en utilisant un système de régénération composé d'une suspension de « PSII », ont atteint un rendement de conversion de 3,3 $mmol_{MeOH} \cdot g_{poudre\ d'enzyme\ commerciale}^{-1}$ à peine inférieur aux 4,3 $mmol_{MeOH} \cdot g_{poudre\ d'enzyme\ commerciale}^{-1}$ obtenus avec le système d'encapsulation NPS en présence de l'enzyme PTDH pour la régénération du NADH (Fig. 88).

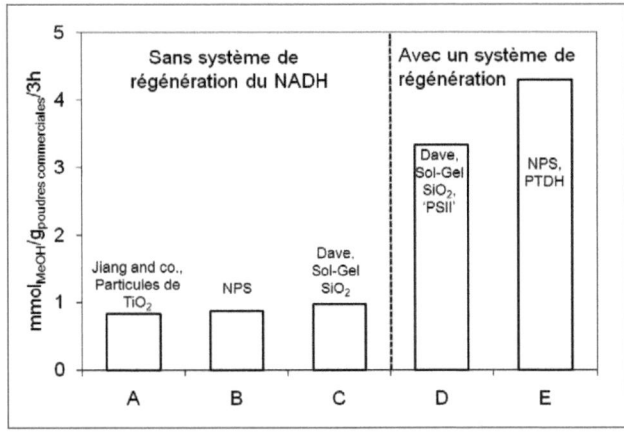

Figure 88 : Comparaison des résultats de la littérature pour la production de méthanol à partir de CO2 en 3 h par masse totale de poudres commerciales d'enzymes (FateDH, FaldDH, YADH) encapsulées avec et sans régénération du NADH. (A) Jiang et co :[46] FateDH/FaldDH/YADH (1,35/1,35/0,3 g.L^{-1}) encapsulées dans des particules de TiO2 structurées par des protamines et avec bullage constant de CO_2 ; (B) FateDH/FaldDH/YADH (0,01/0,15/0,75 g.L^{-1}) encapsulées dans les NPS avec 5 bar de CO_2 ; (C) B.C.Dave :[39] FateDH/FaldDH/YADH (5/5/5 g.L^{-1}) encpauslées dans un sol-gel de silice avec bullage continu de CO_2 ; (D) B.C. Dave :[39] FateDH/FaldDH/YADH (5/5/5 g.L^{-1}) avec un système de régénération (« PSII ») encapsulé dans un sol-gel de silice avec bullage constant de CO_2 ;(E) FateDH/FaldDH/YADH (0,01/0,15/0,75 g.L^{-1}) et système de

régénération du NADH avec PTDH (3,5 g$_{enzyme\ pure}$.L^{-1}) co-encapsulés dans des NPS à 5 bar de CO2. Conditions : Tampon phosphate (0,05 M, pH 6,5), NADH (0,1 M) et Na$_2$HPO$_3$ (0,05 M) quand PTDH est ajoutée.

Nous avons reproduit le type d'immobilisation décrite par B.C. Dave.[39] dans la littérature et qui permet les meilleures conversions du CO_2 en méthanol. Nous avons synthétisé le sol-gel en utilisant le rapport d'enzymes optimisé dans le Chapitre 2 sans le système de régénération du NADH. Le précurseur silicique tétraméthoxysilane (TMOS, 1,55 g) est dilué dans de l'eau (0,4 mL) et la solution acidifiée par ajout d'acide chlorhydrique (22 µL à 0,04M). Le sol est préhydrolysé par sonication (bain de sonication, 20 minutes) pour éliminer le méthanol formé. Cent µL de cette solution sont mélangés à 100 µL de la solution aqueuse contenant les enzymes dans les proportions optimisées :FateDH (0,1 g.L^{-1}), FaldDH (1,5 g.L^{-1}) et YAH (7,5 g.L^{-1}). Le Sol est ensuite laissé vieillir 24h à 4 °C. Le gel formé est mis en suspension dans 10 ml d'un tampon phosphate 0,1 M pH 7 et centrifugé 10 minutes à 10 000 tr.min^{-1}. Le surnageant est injecté en chromatographie pour contrôler la quantité de méthanol supplémentaire relâché par le gel. Les lavages avec la même quantité de tampon phosphate sont répétés jusqu'à disparition du pic de méthanol en chromatographie. L'analyse des différents surnageants de lavage (Fig. 89) permet de confirmer que le gel ne contient plus de méthanol dès le quatrième lavage. Lors de la synthèse du sol-gel, B.C. Dave enlève le méthanol qui a été généré pendant l'hydrolyse du TMOS par deux dialyses successives de 72 h, mais il ne contrôle pas la concentration de méthanol qui est relargué.

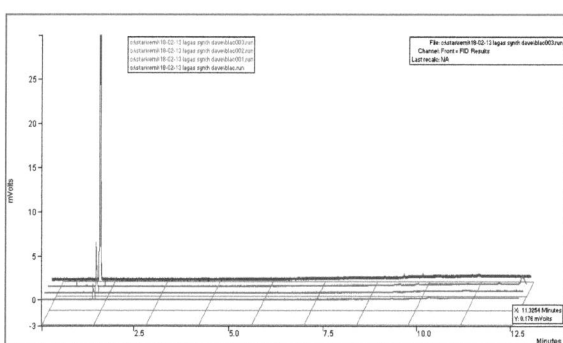

Figure 89 :Chromatogrammes des différents surnageants de lavages du sol-gel de B.C.Dave.1er lavage (bleu), deuxième (rouge), troisième (vert), quatrième (jaune).

Le gel a ensuite été séché sous vide pendant 24 heures et stocké à 4 °C jusqu'à son utilisation. Le gel ressemble à un petit morceau de verre complètement transparent. Le gel a été utilisé dans les mêmes conditions que les nanoparticules de silice NPS (Fig. 88) pour la conversion du CO_2 en méthanol. La quantité d'enzyme immobilisée (soit dans le sol-gel de silice, soit dans les NPS) est la même pour les deux expériences. Cependant, nous n'avons détecté aucune trace de méthanol lorsque les enzymes sont immobilisées dans le sol-gel de silice classique utilisé par B.C. Dave.[39] C'est peut être la génération du méthanol lors de l'hydrolyse du TMOS qui mène à l'inactivation des enzymes. Dans le but de s'affranchir du problème d'inactivation des enzymes pendant la synthèse du matériau qui sert à leur encapsulation, nous avons choisi d'étudier l'immobilisation du système multienzymatique par simple adsorption dans un matériau poreux.

IV.2 - Immobilisation des enzymes par adsorption dans un monolithe à porosité hiérarchique pour une réaction en flux

Nous avons montré dans le chapitre 3 que la conversion du CO_2 en méthanol s'arrêtait, certainement à cause de l'accumulation du MeOH auprès des enzymes. Nous avons alors voulu tester une réaction en continu pour éviter cette accumulation. Initialement proposés pour des applications en chromatographie liquide par Nakanishi,[143] il a été montré que les monolithes à porosité hiérarchique étaient de très bon support pour la catalyse en continu sans perte de charge. Ces monolithes sont depuis peu testés pour des applications de catalyse enzymatique en flux continu.[144] La possibilité de fonctionnalisation de ces monolithes en fait un support de choix pour l'immobilisation d'enzyme. De plus, la faible perte de charge due à la macro porosité du matériau permet leur utilisation dans des procédés en flux continu. La mise en œuvre simple de ces procédés fait des monolithes un support d'intérêt pour des applications biocatalytiques.[145, 146] Un monolithe silicique a d'abord été synthétisé puis les enzymes ont été adsorbées selon les protocoles suivants.

IV.2.1 - Synthèse de monolithes

Les moules utilisés pour la synthèse des monolithes sont des tubes en PVC de diamètre 0,5 cm et de 5 cm de long. Ces moules doivent être abondement lavés à l'eau et séchés puis êtres gardés à -20 °C. On prépare alors la solution qui va être mise dans les monolithes. On pèse très précisément 43,6 g d'eau déionisée dans laquelle on ajoute.4,6 g d'acide nitrique (HNO_3 68% v/v, Sigma). Après homogénéisation dans la glace, 4,79 g de PEG_{20000} sont ajoutés au mélange et la nouvelle solution homogénéisée 1 heure à 0 °C. Le précurseur silicique (TEOS, 37,7 g) est ajouté et la solution agitée 1 heure supplémentaire à 0 °C et à 250 tr.min^{-1}. Les tubes PVC doivent être remplis sans que la température du mélange HNO$_3$/PEG$_{20000}$/TEOS ne dépasse 0 °C. Une fois remplis et hermétiquement fermés, les tubes sont directement transférés dans un bain marie à 40 °C pendant 72 heures. Après 3 jours de gélation, les tubes sont ouverts et le précurseur monolithique transféré dans un grand volume d'eau distillée. L'eau contenant les monolithes doit être changée environ 5 fois (toutes les 30 minutes) jusqu'à ce que le pH de la solution se rapproche de pH 7. Les monolithes sont alors transférés dans une bouteille en polypropylène contenant une solution d'ammoniaque (NH$_4^+$OH$^-$, 0,1 M), puis la bouteille est placée fermée dans une étuve à 40 °C pendant 24 heures. Suite au traitement à l'ammoniaque, les tubes sont transférés dans un grand bécher de 2L contenant de l'eau distillée qui doit être changée plusieurs fois pendant 2 heures et demi jusqu'à ce que le pH du bécher contenant les monolithes se re-stabilise à pH 7. Les monolithes sont finalement retirés de l'eau et laissé séchés à l'air ambiant. Ils sont finalement calcinés 8 h à 550 °C avec une monté en température de 2 °C.min^{-1}. Les monolithes sont analysés par adsorption/désorption d'azote à 77 K et par MEB (Fig. 90).

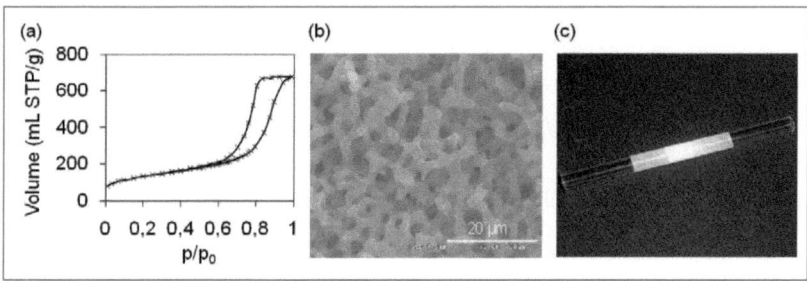

Figure 90 : (a) Isotherme d'adsorption/désorption d'azote à 77 K. (b) Cliché MEB d'un monolithe et (c) photo d'un monolithe (3 cm x 0,5 cm), immobilisé entre 2 tudes de verres par une gaine de Téflon thermo rétractable.

Les monolithes présentent un réseau macroporeux homogène et interconnecté de 5 μm, un squelette d'épaisseur 3 μm contenant une mésoporosité de 10 nm avec une surface spécifique de 450 m^2.g^{-1} et un volume mésoporeux de 1,0 ml.g^{-1}. Un morceau de monolithe (3 cm$_{longueur}$ x 0,5 cm$_{diamètre}$) a été ensuite gainé avec une gaine Téflon thermorétractable terminé aux extrémités par 2 tubes de verre pour assurer les connexions avec la pompe HPLC utilisée pour le flux.

IV.2.2 - Immobilisation d'enzymes dans les monolithes

Le monolithe est d'abord lavé par de l'eau distillée déionisé à 1 mL.min^{-1} jusqu'à ce que l'absorbance de la solution en sortie du système ne varie plus. Une solution de 5 ml contenant les trois enzymes de la biotransformation dans des rapports qui n'étaient pas encore totalement optimisés, FateDH (14 mg), FaldDH (7 mg) et YADH (2,5 mg) dans un tampon phosphate (0,1 M, pH 7) a été placée dans un bac de glace. Une pompe péristaltique permet de faire passer la solution de protéines dans le monolithe gainé (0,5 ml.min^{-1}) et est récupérée en sortie. L'absorbance de la solution à 280 nm qui permet de déterminer la concentration de protéines restantes est nulle. Toutes les protéines ont été immobilisées par adsorption dans le monolithe, ce qui correspond à 44 mg$_{enzyme}$/g$_{monolithe}$.

IV.2.3 - Activité des enzymes immobilisées dans le monolithe

Le monolithe gainé et chargé en enzyme est placé dans un bain marie à 37°C. Du dioxyde de carbone est bullé pendant 1 heure dans 2 ml d'une solution tampon de phosphate (0,1 M, pH 7) contenant le NADH (10 mM) et placée dans un bac de glace. Le débit de la solution de circulation est ajusté à 0,05 mL.min^{-1} afin d'éviter une surpression en entrée du monolithe (Fig. 91). Le CO2 étant bullé dans la solution tamponnée en continue, des volumes de CO_2 gazeux passent dans le circuit en s'alternant avec des volumes de la solution contenant le NADH. Après 3 h de circulation, un échantillon de la solution est prélevé et mélangé à un étalon interne, le 1-pentanol (1/10 v/v), pour la détermination du méthanol en GC-FID. L'absorbance à 280 nm de la solution aqueuse prélevée est aussi mesurée pour déterminer la quantité de protéines qui s'est échappée du monolithe pendant la réaction sous flux.

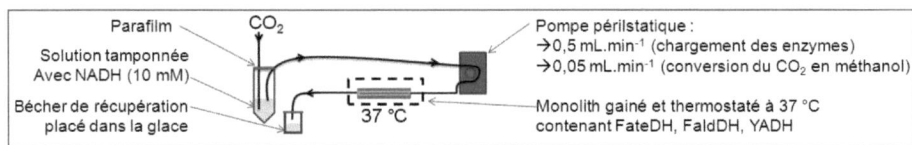

Figure 91 : Schéma du montage pour la conversion du CO2 en méthanol par les enzymes immobilisée dans un monolithe.

Il apparaît que 34 % des enzymes immobilisées par adsorption simple se retrouvent dans la solution de circulation. La quantité de méthanol détectée est 0,84 mM, correspondant à une activité du système de 0,07 mmol$_{MeOH}$.g$_{poudre\ commerciale}^{-1}$ en 3 heures pour 20 µmol de NADH initial.

p. 136

L'efficacité de la conversion des enzymes dans le monolithe est donc comparable au système batch en phase aqueuse mais contenant son système de régénération. Ici, le système de régénération n'a pas été ajouté. On a donc tout intérêt à développer des systèmes en flux pour ce genre de conversion. L'augmentation de la conversion du CO_2 par rapport au système en solution peut être aussi dû à la plus grande disponibilité du CO2 gazeux pur (non dissous dans l'eau) qui est passé dans le circuit par alternance. Il serait donc aussi intéressant de développer des systèmes catalytiques n'utilisant que le CO2 gazeux humidifié.

IV.4 - Essai de réaction enzymatique en phase gaz

Comme décrit par S. Lamarre[147] et ses collaborateurs, la biocatalyse en phase gaz permet la mise en place de procédés plus propres qui utilisent moins de matériel, offrent de meilleures productivités et simplifient les procédés de traitement et de purification des produits. De plus, comme nous l'avons démontré, la disponibilité accrue du substrat gazeux permet d'atteindre de meilleurs rendements de conversion du CO_2 en méthanol. Les 2 intermédiaires de la biotransformation (le formiate et le formaldéhyde) ont des pressions de vapeur saturante élevées, ce qui indique qu'ils sont volatils et que leur conversion par les enzymes en phase gaz peut être envisagée. Les enzymes utilisées en phase gaz peuvent être préparées par lyophilisation en présence de leur cofacteur et d'un additif tel que du glycérol pour les stabiliser.[148] Deux expériences préliminaires ont été réalisées avec la troisième enzyme de la biotransformation, la YADH. L'une consistait à la conversion du formaldéhyde en présence de NADH et l'autre expérience a été réalisée avec ajout d'éthanol qui est un substrat couplé, permettant à la YADH de réaliser la réaction inverse de régénération du cofacteur. Pour être lyophilisée, l'enzyme YADH (9 g.L^{-1}) a d'abord été incubée dans 100 µL d'un tampon phosphate (0,1 M, pH 7) en présence de NADH (2 mM) et de glycérol (15% v/v). La solution contenue dans un vial de 2 ml a été ensuite placée à − 80 °C pendant 20 minutes et lyophilisée pendant 12 heures. Un Eppendorf de 0,6 ml contenant d'une part le substrat de la transformation (formaldéhyde, 90 mM), et d'autre part le substrat (formaldéhyde, 90 mM) et un second substrat suicide (éthanol, 0,85 M) pour la régénération du NADH sont ajoutés dans les échantillons lyophilisés. Les vials ont été remplis d'azote, fermés hermétiquement, et placés dans une étuve à 37 °C pendant 1,5 heure. Un échantillon ne contenant que le formaldéhyde a également été placé dans l'étuve et a servi de référence. La concentration de formaldéhyde restante a été déterminée par le réactif de Nash, et la concentration en méthanol produit est obtenue par différence.

CHAPITRE IV : Améliorations possibles du système polyenzymatique

Les activités catalytiques de YADH lyophilisée en phase gaz ont été comparées (Fig. 92) à l'activité de la YADH libre en solution (Chap. 2 1.2.3.3) (YADH, 5 mg.L^{-1}, formaldéhyde (5 mM) et NADH (2,5 mM) pendant 30 secondes).

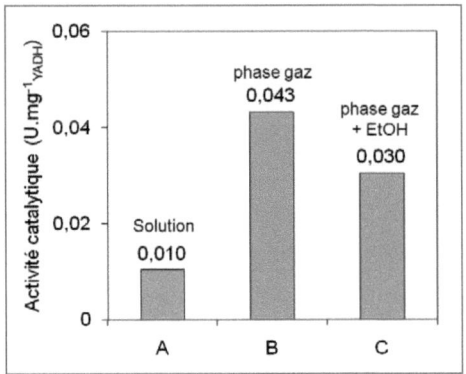

Figure 92 : Activité catalytique de YADH libre en phase aqueuse (A) en phase gaz sans système de régénération (B) et avec l'ajout d'éthanol servant de substrat couplé pour la régénération du NADH (C). U : $\mu mol.min^{-1}$.

Les activités catalytiques de YADH en phase gaz simple (0,043 U.mg^{-1}$_{YADH}$) (Fig. 9-B) et avec un système de régénération à substrat couplé (0,03 U.mg^{-1}$_{YADH}$) (Fig. 9-C) sont supérieures à celles déterminées en phase aqueuse (0,0104 U.mg^{-1}). La disponibilité du substrat en phase gaz, calculée à partir des pressions de vapeur saturante grâce à la relation de W.G. Don et H.P. Robert,[149] est de 0,07% (v/v). Elle est similaire à celle du formaldéhyde pour l'expérience en phase aqueuse (0,02% v/v). L'activité de l'enzyme avec le système de régénération à substrat couplé est inférieure, l'éthanol utilisé comme substrat couplé, peut être responsable de la dénaturation et de la désactivation de l'enzyme. Néanmoins, l'activité de l'enzyme YADH dans ce système catalytique solide/gaz est 3 à 4 fois supérieure que lorsque la réaction est réalisée en phase aqueuse. Le développement d'un procédé en phase gaz serait donc très intéressant pour le système polyenzymatique de réduction du CO_2 en méthanol. Le substrat suicide utilisé pour la régénération du NADH ne doit pas dénaturer les enzymes (contrairement à l'éthanol) et doit être volatil (ce qui n'est pas le cas du phosphite utilisé avec la phosphite déshydrogénase). Le substrat suicide utilisé avec le photosystème synthétique mpg-C_3N_4 étudié Chapitre 2 (la triéthanolamine, TEOA) est volatil et a déjà permis d'augmenter l'activité d'une enzyme de type déshydrogénase comme celles utilisées pour la transformation du CO_2 en méthanol.[150]

IV.5 - Utilisation du photosystème synthétique développé par l'institut Max Planck.

Bien que pour l'instant toxique, nous avons voulu tester l'emploi du système photosynthétique mpg-C_3N_4 développé par M. Antonietti dans la réduction du CO_2 en méthanol. Ce système est en cours de développement et est voué à fonctionner sans ajout de médiateur, ce qui pourrait être une amélioration du système après son immobilisation sur un tel support. L'utilisation du photosystème synthétique développé par l'équipe de Markus Antonietti[88] pour la régénération du NADH a été testée dans la biotransformation. Tout d'abord en présence d'une seule enzyme, YADH, pour la conversion du formaldéhyde en méthanol, ensuite en présence des 3 enzymes de la biotransformation (FateDH, FaldDH, YADH) pour la conversion du CO_2 en méthanol. Ces travaux ont été réalisés au cours d'une collaboration avec le Dr. Jian Liu de l'institut Max Planck de Potsdam qui travaille sur le développement de ces nouveaux matériaux.

IV.5.1 - Conversion du formaldéhyde en méthanol.

Le photosystème synthétique, un motif carbonitride graphitique mésoporeux (mgp-C_3N_4) (2 mg) est placé dans une solution de phosphate de sodium (50 mM, pH 7) en présence de l'enzyme YADH (10 mg.L^{-1}), du cofacteur enzymatique sous sa forme oxydée (NAD^+, 1mM) et de formaldéhyde (5 mM). Le système de régénération est effectif à pH 7 qu'en présence du médiateur d'électron ($[CpRh(bpy)(H_2O)]^{2+}$, 0,125 mM) et d'un substrat suicide (TEOA, 15% w/v). La réaction a lieu dans un réacteur en quartz, la partie du réacteur ne contenant pas de liquide est remplie avec du CO_2 gazeux. Pour débuter la réaction, la solution (2 mL) qui est agitée par un barreau aimanté à 250 tr.min^{-1} est exposée à une lampe de puissance 400 W qui émet à la longueur d'onde spécifique de 422 nm. Un petit volume (100 µL) de la solution est retiré du réacteur et filtré à 0,2 µm, mélangé à un étalon interne et injecté en GC-FID pour la détermination du méthanol (Fig. 93).

CHAPITRE IV : Améliorations possibles du système polyenzymatique

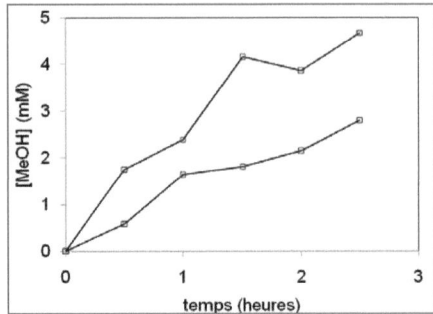

Figure 93: Evolution de la concentration de méthanol produit par YADH en présence d'une système de régénération photosynthètique consistant en un photomatérieux (mpg-C_3N_4, 2mg), un médiateur d'électron ([CpRh(bpy)(H_2O)]$^{2+}$, 0,125 mM) et un substrat sacrificiel (TEOA, 15% w/v). Le cofacteur est ajouté sous sa forme oxydée (NAD^+, 1 mM).

La réaction, répétée deux fois, permet de générer une quantité de méthanol supérieure à la quantité de cofacteur ajouté, la régénération du cofacteur par le photosystème synthétique est donc effective. L'activité spécifique de l'alcool déshydrogénase est comprise entre 1,3 et 3 U.mg^{-1} qui correspondent à moins de 10% de l'activité maximale pouvant être atteinte par l'enzyme. Cette limitation d'activité est due à la capacité de régénération du photosystème synthétique qui doit être optimisée. Nous avons finalement testé le photosystème synthétique avec les trois enzymes de la biotransformation.

IV.5.2 - Conversion du CO2 en méthanol.

La combinaison du motif carbonitride graphitique mésoporeux (mpg-C_3N_4) avec les trois enzymes de la biotransformation est réalisée dans un réacteur en quartz de 3 mL. Les trois enzymes sont ajoutées dans des proportions non optimisées par manque de matériel disponible (FateDH 3,36 mg, FaldDH, 4,98 mg et YADH 0,75 mg). Le photomatériau (mpg-C_3N_4, 3 mg) est suspendu en solution en présence du médiateur d'électron ([CpRh(bpy)(H_2O)]$^{2+}$, 0,125 mM) et du substrat suicide (TEOA, 15% w/v). La source de CO_2 utilisée est l'hydrogénocarbonate de sodium (0,1 M) dans un tampon phosphate salin (PBS, 0,1M, pH 7). La réaction débute lorsque le réacteur en quartz est exposé à un flux lumineux de 400 W à la longueur d'onde spécifique de 422 nm. Au début de l'expérience, et à plusieurs intervalles de temps, 100µL de la solution sont prélevés, filtrés à 0,2 µm, mélangés à un étalon interne (1/9 v/v) et injectés en GC-FID pour la détermination de la concentration de méthanol (Fig. 94).

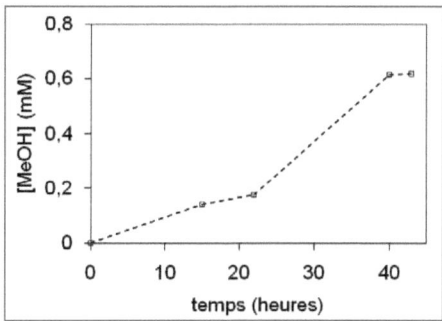

Figure 94; Evolution de la concentration de méthanol du système trienzymatique avec régénération du cofacteur par le photosystème synthétique.

L'expérience qui montre l'évolution de la concentration en méthanol dans la solution n'a pas pu être répétée faute de temps. Le système peut produire 0,21 mmol$_{MeOH}$·g^{-1}$_{poudre\ commerciale}$ en 43 heures de réaction pour 3 μmol de NADH initial. Cette productivité est comparable à celle du procédé non encapsulé à pression atmosphérique décrit dans le chapitre 2 (0,4 mmol$_{MeOH}$·g^{-1}$_{poudre\ commerciale}$ en 48 heures pour 10μmol de NADH initial ([NADH]$_{initial}$ = 10 mM)). Dans de tels systèmes biotechnoliques, la transformation du CO_2 est limité par sa disponibilité qui peut être augmentée en réalisant ces réaction en phase gaz et sous pression de CO_2.

IV.6 – Conclusions sur l'activité du système polyenzymatique encapsulé

L'utilisation de pression de CO_2 moyenne (0,5 MPa) a permis d'augmenter la productivité du système polyenzymatique en solution (FateDH, FaldDH, YADH, PTDH) d'un facteur 2 comparé à un système à pression atmosphérique. Mais c'est la stabilisation des enzymes qui a le plus gros impact sur l'amélioration de la productivité du procédé. L'augmentation de la production de méthanol d'un facteur 15 a été obtenue en encapsulant les enzymes dans les NPS (nanocapsules de silice/phospholipides/amine/TEOS). Ceci prouve l'efficacité d'un tel système d'immobilisation pour les réactions enzymatiques. L'augmentation de cette productivité peut être expliqué par un apport catalytique de la formulation des NPS. Les amines utilisées pour structurer les capsules permettent l'accumulation du CO_2 autour de la formiate déshydrogénase qui réalise la première réaction de la biotranformation. C'est par l'amélioration de l'activité de cette première enzyme grâce à l'accumulation de son substrat que tout le procédé est amélioré.

Nous avons montré cependant que la dodécylamine était nocive pour les enzymes. Mais ceci peut être amélioré si les enzymes sont auparavant PEGylées. En effet, nous avons montré que la stabilisation des enzymes par modification avec des chaînes de polyéthylène glycol était une procédure simple et rapide et permettait de protéger les enzymes de la dodécylamine. En plus, cela permettrait d'augmenter la disponibilité du CO_2 auprès de la 1ère enzyme dû à la solubilité du CO_2 dans le PEG. Nous avons vu également que le procédé pouvait être amélioré s'il était éffectué sous flux, sans l'accumulation de méthanol auprès des enzymes, et avec une alternance de flux gazeux et de solution. Le monolithe en question pourrait être en motif C_3N_4 et assurer en même temps le photorégénération du cofacteur. Mieux encore, nous avons pu prouver qu'au moins une des trois enzymes de la biotransformation pouvait fonctionner en phase gaz. L'immobilisation des trois enzymes PEGylées dans un monolithe et la mise en place d'un procédé biocatalytique en flux gazeux continu pourraient représenter les meilleures des améliorations pouvant encore être apportées au procédé biotechnologique de conversion du CO_2 en méthanol.

CONCLUSION GÉNÉRALE

CONCLUSION GÉNÉRALE

CONCLUSION GÉNÉRALE

Au cours de cette thèse, nous avons étudié un système de cascade enzymatique de conversion du CO_2 en méthanol initialement proposé par B.C. Dave en 1999, mais sans qu'une optimisation du système ne soit présentée. L'emploi de trois enzymes que sont la formiate déshydrogénase, la formaldéhyde déshydrogénase et l'alcool déshydrogénase nous a permis de produire du méthanol, un produit à forte valeur ajoutée à partir de CO_2, une molécule organique extrêmement stable. Le travail effectué a eu pour but la compréhension et l'optimisation rationnelle de cette cascade enzymatique ainsi que d'identifier le meilleur système de régénération du cofacteur NADH (enzymes, photosystème) des enzymes et d'étudier leur immobilisation dans un support inorganique.

Dans cette thèse, nous nous sommes confrontés à divers problèmes, comme la nature exacte des produits biologiques et l'exactitutde des méthodes analytiques. La bioconversion du CO_2 en méthanol a en effet été réalisée grâce à des poudres d'enzymes commerciales dont la composition est susceptible de varier en fonction des différents lots achetés. Nous avons dû préciser certaines des informations données par le fournisseur afin de connaître la quantité réelle de protéines actives contenues dans les différents lots reçus. Idéalement la totalité des adjuvants contenus dans ces lots doivent être connue pour que, lors d'une cascade enzymatique, aucuns des adjuvants contenus dans un des lots ne puissent agir comme inhibiteur pour une autre enzyme de la cascade enzymatique. Concernant la régénération du cofacteur des enzymes par des systèmes biologiques photosynthétiques, les recherches bibliographiques menées pour l'utilisation et la caractérisation des membranes thylakoïdes nous a permis de nous rendre compte de la complexité des photosystèmes naturels. Ils n'ont pu être quantifiés que par la quantité de chlorophylle, le pigment qui permet de récupérer l'énergie lumineuse qu'elles contiennent et non simplement par l'utilisation d'un photosystème PSII proposé dans le brevet de Dave.[39]

Pendant la mise au point des différentes méthodes analytiques, nous avons pu nous rendre compte qu'il existait des ineractions entre le CO_2 et le NADH. Outre la désactivation du cofacteur NADH par hydratation ou isomérisation, nous avons découvert que le CO_2 pouvait également être complexé par les groupements amine du cofacteur enzymatique. Nous avons pu vérifier que cette complexation était réversible à 37 °C dans un milieu aqueux saturé en CO_2 gazeux car la production de méthanol par le système polyenzymatique a pu être vérifiée par GC-FID. Le développement de la méthode chromatographique en phase gaz nous a permis de pouvoir détecter les faibles quantités de méthanol produites par le système polyenzymatique. La réduction catalytique en cascade du CO_2 en méthanol est réalisée par 3 enzymes déshydrogénases que nous avons d'abord étudiées séparément en comparant la variation de leur activité en fonction du pH. Pour chacune des réactions d'oxydation et de réduction menées avec ces enzymes, nous avons montré que le pH optimum des enzymes varie en fonction du type de réaction qu'elles accomplissent, oxydation ou réduction. Cela nous a permis de fixer une valeur de pH optimum (pH 6,5) commune pour les trois enzymes utilisées en réduction. Les constantes cinétiques de chacune des enzymes ont alors pu être déterminées dans les conditions choisies pour étudier la cascade enzymatique. La difficulté à laquelle nous avons été confrontés pour déterminer l'ensemble des constantes cinétiques vient du fait que l'équilibre des enzymes est fortement déplacé vers la formation du produit d'oxydation pour FateDH et FaldDH et vers celui de réduction pour YADH. Nous avons pu remarquer que le déplacement de l'équilibre de la dernière enzyme vers la formation du produit de réduction, le méthanol, permet également de déplacer les équilibres des deux premières enzymes vers leurs produits de réduction respectifs. Nous avons alors optimisé le système polyenzymatique de façon rationnelle en étudiant la combinaison des enzymes deux à deux : la FateDH et la FaldDH, d'une part, et la FaldDH et la YADH, d'autre part. Nous avons alors défini le meilleur rapport massique de poudres d'enzymes commerciales entre les trois enzymes de 1 g/15 g/75 g pour FateDH/FaldDH/YADH, respectivement. Ce rapport étant dépendant des lots d'enzyme commerciale, il doit être exprimé en terme de rapport d'unités enzymatiques pour être plus précis et reproductible (U : $\mu mol.min^{-1}$). En considérant les données fournisseur (5-15 $U.mg_{enzyme}^{-1}$ pour FateDH et 1-6 $U.mg_{solide}^{-1}$ pour FaldDH), le rapport massique de 1 g/15 g entre les deux premières enzymes peut varier entre 1/6 (U/U) et 1/112 (U/U) selon si l'ont considère les activités enzymatiques maximales ou minimales. C'est pour cela qu'il est nécessaire de caractériser chacune des poudres enzymatiques avant de les utiliser et de connaître précisément leur activité catalytique. Nous avons donc déterminé l'activité catalytique des enzymes des poudres commerciales utilisées à partir de réactions tests que nous avons développées (l'oxydation du formiate pour FateDH, l'oxydation du formaldéhyde pour FaldDH et la réduction du formaldéhyde pour YADH, chacune des réactions se faisant à concentration saturante en substrat et en cofacteur). Le rapport optimal de la cascade enzymatique exprimé en unité (U : $\mu mol.min^{-1}$) était de 1/3/3260 pour FateDH/FaldDH/YADH, respectivement. Les unitées décrites pour FateDH et FaldDH étant définies pour des réactions d'oxydation, le rapport d'unité catalytique entre les trois enzymes ne rend pas compte du flux d'électrons en cascade permettant la réduction du CO_2 en méthanol. La derniere enzyme de la cascade, YADH, introduite en grande quantite, deplace les equilibres des deux premières enzymes car elle fournit massivement une 3eme etape de reduction du formaldéhyde très rapide (p64 et 65).

Cette cascade enzymatique ne peut fonctionner qu'avec l'emploi d'un cofacteur enzymatique, la nicotinamide adénine dinucléotide (NADH). Nous avons alors optimisé la quantité relative de NADH pour la cascade enzymatique. Nous avons trouvé que la productivité de la cascade enzymatique augmentait avec la quantité de NADH et qu'un maximum était atteint [NADH] = 100 mM pour des concentrations en protéine de FateDH = 10 mg.L^{-1}, FaldDH = 150 mg.L^{-1} et YADH = 750 mg.L^{-1}. Le cofacteur enzymatique NADH, est une molécule organique chère qui doit être régénérée *in-situ* lors du procédé catalytique pour des raisons évidentes de coûts.

Nous avons étudié quatre systèmes différents de régénération du NADH. Deux photosystèmes, l'un naturel l'autre synthétique et deux systèmes à enzyme couplés. Le système de régénération avec l'enzyme phosphite déshydrogénase se différencie des trois autres de par sa grande efficacité, l'enzyme est thermiquement stable et ses conditions de fonctionnement optimal sont très similaires à celles de la cascade enzymatique de conversion du CO_2 en méthanol. De plus, nous avons produit cette enzyme au sein même du laboratoire, ce qui permet de l'avoir en grande quantité. Nous avons étudié la différence des cultures en flasque et en fermenteur. Nous avons alors pu alors vérifier que la culture en fermenteur peut fournir de grandes quantités d'enzymes, et que la culture en flasque permet elle de produire des enzymes plus actives. L'optimisation du procédé grâce à la régénération du cofacteur a été réalisée en utilisant la phosphite déshydrogénase et son substrat le phosphite. Nous avons pu vérifier que la quantité optimale de cofacteur utilisé est identique avec ou sans système de régénération (100 mM pour 10 mg.L^{-1} de FateDH, 150 mg.L^{-1} de FaldDH, 750 mg.L^{-1} de YADH en poudres d'enzymes commerciales et 3,8 g.L^{-1} d'enzyme phosphite déshydrogénase pure). L'ajout d'un système de régénération a permis d'augmenter la productivité en méthanol d'un facteur 2,5. De même, l'utilisation de pression de CO_2 moyenne (0,5 MPa) a permis d'augmenter encore la productivité du système polyenzymatique en solution (FateDH, FaldDH, YADH, PTDH) d'un facteur 2 comparé à un système à pression atmosphérique.

L'amélioration supplémentaire ajoutée au système polyenzymatique a été son immobilisation par encapsulation dans des **nanocapsules de silice (NPS)** structurées par des phospholipides dans un milieu eau/éthanol en présence de lactose et de dodécylamine. Ces NPS ont été développées précédemment au laboratoire pour d'autres enzymes et systèmes bienzymatiques (GOx/HRP) GOx/Hb). Les nanocapsules contenant les 3 enzymes de la cascade enzymatique ont pu être visualisées par cryoTEM3D et ont des tailles de l'ordre de 25 nm qui se forment par la fusion de membranes de phospholipides tout autour des enzymes. Les particules se détachent ensuite les unes des autres pendant la condensation du tétraéthoxysilane (TEOS) à cause du rétrécissement et de la disparition des ponts de phospholipidiques qui les rejoignent. Nous avons ensuite essayé de remplacer l'éthanol et la dodécylamine dans la synthèse des NPS à cause de leur toxicité envers les enzymes. Mais nous avons montré que la dodécylamine a un rôle catalytique évident pour la condensation de la silice en surface des nanoparticules et que le remplacement de l'éthanol ou de la dodécylamine n'a pas permis de former des nanocapsules. Nous avons montré que c'est l'immobilisation des enzymes dans des supports inorganiques qui a le plus gros impact sur l'amélioration de la productivité du procédé. La coencapsulation des 4 enzymes a permis d'augmenter 15 fois la productivité en méthanol par rapport au système polyenzymatique libre en solution. Cette augmentation de la productivité en méthanol est aussi dépendante de la vitesse de diffusion des molécules entres les différentes capsules qui pourrait être encore améliorée en optimisant la vitesse d'agitation du milieu réactionnel. Quoiqu'il en soit, nous avons prouvé encore une fois l'efficacité du système d'encapsulation NPS pour des réactions enzymatiques et polyenzymatiques.

Une façon de protéger les enzymes de la dodécylamine serait de les modifier par greffage sur leur surface avec des chaînes de polyéthylène glycol. Ce greffage est une procédure simple et rapide et nous avons pu montrer qu'elle permet de protéger les enzymes en solution de la dodécylamine et de plus elle permet d'augmenter la disponibilité du CO_2 pour la FateDH grâce à la dissolution du CO_2 dans les chaînes PEG proches de l'enzyme. La disponibilité du CO_2 peut encore être améliorée avec la mise en place de procédés sous flux en continu, pour lesquels la récupération du méthanol serait facilitée et l'accumulation néfaste de méthanol auprès des enzymes serait évitée. Nous avons montré qu'au moins une des trois enzymes pouvait fonctionner en phase gaz, et que les 4 enzymes pouvaient facilement être immobilisées par simple adsorption dans une structure monolithique. Nous avons montré que la production de méthanol est possible en régénérant le cofacteur NADH grâce au photosystème synthétique stable en cours de développement (sans médiateur et à pH 7) par l'Institut Max Planck de Potsdam.

En conclusion, cette cascade enzymatique est capable de produire du méthanol à partir de CO_2. Plusieurs optimisations sont possibles : PEGylation des enzymes, réacteur en continu en phase gaz, immobilisation covalente du cofacteur,[151] système de régénération du cofacteur sans sous-produit comme le photosystème synthétique d'Antonietti une fois optimisé à pH 7 et sans médiateur.

L'encapsulation NPS est intéressante mais l'emploi de l'éthanol et de dodécylamine devrait être remplacé, l'utilisation de tensioactifs à tête de sucre[131] pourrait être une voie à développer.

La valorisation du CO_2 peut être poursuivie par l'étude de deux autres organismes : la levure *Yarrowia lipolytica* et la bactérie *Geobacter sulfurreducens* qui convertissent tour à tour le CO_2 en glycérol puis en acide citrique.[152, 153] L'acide citrique est un produit à forte valeur ajoutée car il est déjà utilisé dans de nombreuses industries, aussi variées que l'agroalimentaire, la cosmétique et la pharmacologie. L'optimisation rationnelle utilisée pour la cascade enzymatique étudiée au cours de cette thèse pourrait être appliquée à ces systèmes cellulaires dont l'application dans des procédés solide/gaz en flux a déjà été testée et validée.[147]

CONCLUSION GÉNÉRALE

Références bibliographiques

Références bibliographiques

Références bibliographiques

1. P. Trans and R. Keeling, ed. N. E. S. R. L. S. I. o. Oceanography, 2013.
2. M. Peters, B. Köhler, W. Kuckshinrichs, W. Leitner, P. Markewitz and T. E. Müller, *ChemSusChem*, 2011, **4**, 1216-1240.
3. C. Song, *Catalysis Today*, 2006, **115**, 2-32.
4. A. Dibenedetto and M. Aresta, *Abstracts of Papers of the American Chemical Society*, 2001, **221**, 66-FUEL.
5. C. Song, in CO_2 *Conversion and Utilization*, American Chemical Society, 2002, pp. 2-30.
6. M.-A. Courtemanche, M.-A. Légaré, L. Maron and F.-G. Fontaine, *Journal of the American Chemical Society*, 2013, **135**, 9326-9329.
7. L. Shi, G. Yang, K. Tao, Y. Yoneyama, Y. Tan and N. Tsubaki, *Accounts of chemical research*, 2013, **46**, 1838-1847.
8. J. N. Armor, *Abstracts of Papers of the American Chemical Society*, 2000, **219**, 64-PETR.
9. S. Shironita, K. Karasuda, K. Sato and M. Umeda, *Journal of Power Sources*, 2013, **240**, 404-410.
10. M. Anpo and K. Chiba, *Journal of Molecular Catalysis*, 1992, **74**, 207-212.
11. C.-C. Lo, C.-H. Hung, C.-S. Yuan and Y.-L. Hung, *Chinese Journal of Catalysis*, 2007, **28**, 528-534.
12. G. Centi, S. Perathoner, G. Wine and M. Gangeri, *Green Chemistry*, 2007, **9**, 671-678.
13. H. Bacheley, M. Batton-Hubert, J.-M. Chovelon, A.-S. Clincke, V. Decottignies, K. Delabre, I. Deportes, I. Fraboulet, F. Guiziou, L. Loyon, P. Mallard, M. Moletta-Denat, F. Pradelle, J.-F. Sassi, O. Schlosser, D. Teigne, H. Vaillant, N. Wery and P. Zan-Alvarez, VERI;INRA;Ecoles des Mines de Saint Etienne;CNAM-IHIE Ouest;Suez Environnement;CEVA;Numtech;CSTB;IRSTEA;INERIS;ADEME, 2012.
14. Génopole, Les Biotechnologies, http://www.genopole.fr/Les-Biotechnologies,609.html, Accessed 9/10, 2013.
15. N. G. Karaguler, R. B. Sessions, B. Binay, E. B. Ordu and A. R. Clarke, *Biochemical Society Transactions*, 2007, **35**, 1610-1615.
16. C. Peterhansel, K. Krause, H. P. Braun, G. S. Espie, A. R. Fernie, D. T. Hanson, O. Keech, V. G. Maurino, M. Mielewczik and R. F. Sage, *Plant Biology*, 2013, **15**, 754-758.
17. W. F. Liu, B. X. Hou, Y. H. Hou and Z. P. Zhao, *Chinese Journal of Catalysis*, 2012, **33**, 730-735.
18. Y. H. Yu, B. W. Chen, W. Qi, X. L. Li, Y. Shin, C. H. Lei and J. Liu, *Microporous and Mesoporous Materials*, 2012, **153**, 166-170.
19. M. Vinoba, M. Bhagiyalakshmi, S. K. Jeong, S. C. Nam and Y. Yoon, *Chem.-Eur. J.*, 2012, **18**, 12028-12034.
20. P. Lozano, J. M. Bernal and M. Vaultier, *Fuel*, 2011, **90**, 3461-3467.
21. M. J. O'Donohue and P. Monsan, *Biofutur*, 2007, 28-32.
22. U. T. Bornscheuer, G. W. Huisman, R. J. Kazlauskas, S. Lutz, J. C. Moore and K. Robins, *Nature*, 2012, **485**, 185-194.
23. J. Hagen, in *Industrial Catalysis*, Wiley-VCH Verlag GmbH & Co. KGaA, 2006, pp. 1-14.
24. S. Hay and N. S. Scrutton, in *22nd Solvay Conference on Chemistry: Quantum Effects in Chemistry and Biology*, eds. G. R. Fleming, G. D. Scholes and A. DeWit, Elsevier Science Bv, Amsterdam, 2011.
25. M. Roca, M. Oliva, R. Castillo, V. Moliner and I. Tunon, *Chemistry*, 2010, **16**, 11399-11411.
26. K. Nakayama, Z. Sato, H. Tanaka and Kinoshit.S, *Agricultural and biological chemistry*, 1968, **32**, 1331-&.
27. C. Panozzo, M. Nawara, C. Suski, R. Kucharczyka, M. Skoneczny, A.-M. Bécam, J. Rytka and C. J. Herbert, *FEBS Letters*, 2002, **517**, 97-102.
28. U. Hanefeld, L. Gardossi and E. Magner, *Chem Soc Rev*, 2009, **38**, 453-468.
29. E. Ricca, B. Brucher and J. H. Schrittwieser, *Advanced Synthesis & Catalysis*, 2011, **353**, 2239-2262.
30. S. Schoffelen and J. C. M. van Hest, *Current Opinion in Structural Biology*, 2013, **23**, 613-621.
31. Z. Gu, T. T. Dang, M. Ma, B. C. Tang, H. Cheng, S. Jiang, Y. Dong, Y. Zhang and D. G. Anderson, *ACS Nano*, 2013, **7**, 6758-6766.

p. 153

32. Y. Liu, J. Du, M. Yan, M. Y. Lau, J. Hu, H. Han, O. O. Yang, S. Liang, W. Wei, H. Wang, J. Li, X. Zhu, L. Shi, W. Chen, C. Ji and Y. Lu, *Nat Nano*, 2013, **8**, 187-192.
33. A. B. Canelas, C. Ras, A. ten Pierick, W. M. van Gulik and J. J. Heijnen, *Metabolic Engineering*, 2011, **13**, 294-306.
34. P. Laveille, L. T. Phuoc, J. Drone, F. Fajula, G. Renard and A. Galarneau, *Catalysis Today*, 2010, **157**, 94-100.
35. J. H. Lee, S. B. Kim, S. W. Kang, Y. S. Song, C. Park, S. O. Han and S. W. Kim, *Bioresource Technology*, 2011, **102**, 2105-2108.
36. U. Rusching, U. MÜLler, P. Willnow and T. HÖPner, *European Journal of Biochemistry*, 1976, **70**, 325-330.
37. R. Obert and B. C. Dave, *J. Am. Chem. Soc.*, 1999, **121**, 12192-12193.
38. F. S. Baskaya, X. Y. Zhao, M. C. Flickinger and P. Wang, *Appl. Biochem. Biotechnol.*, 2010, **162**, 391-398.
39. B. C. Dave, Board of Trustees Southern Illinois University, United States, 2002.
40. D. Bakul C., R. Mukti S. and B. Marci C., United States, 2007, p. 10.
41. Z. Y. Jiang, H. Wu, S. W. Xu, S. F. Huang and Q. Xie, *Chinese Journal of Catalysis*, 2002, **23**, 162-164.
42. Z. Y. Jiang, H. Wu, S. W. Xu and S. F. Huang, in *Utilization of Greenhouse Gases*, eds. C. J. Liu, R. G. Mallinson and M. Aresta, 2003, pp. 212-218.
43. Z. Y. Jiang, S. W. Xu and H. Wu, in *Carbon Dioxide Utilization for Global Sustainability*, eds. S. E. Park, J. S. Chang and K. W. Lee, 2004, pp. 475-480.
44. H. Wu, S. Huang and Z. Jiang, *Catalysis Today*, 2004, **98**, 545-552.
45. S.-w. Xu, Y. Lu, J. Li, Z.-y. Jiang and H. Wu, *Industrial & Engineering Chemistry Research*, 2006, **45**, 4567-4573.
46. Q. Sun, Y. Jiang, Z. Jiang, L. Zhang, X. Sun and J. Li, *Industrial & Engineering Chemistry Research*, 2009, **48**, 4210-4215.
47. Y. J. Jiang, Q. Y. Sun, L. Zhang and Z. Y. Jiang, *Journal of Materials Chemistry*, 2009, **19**, 9068-9074.
48. B. El-Zahab, D. Donnelly and P. Wang, *Biotechnology and Bioengineering*, 2008, **99**, 508-514.
49. A. Dibenedetto, P. Stufano, W. Macyk, T. Baran, C. Fragale, M. Costa and M. Aresta, *ChemSusChem*, 2012, **5**, 373-378.
50. P. K. Addo, R. L. Arechederra, A. Waheed, J. D. Shoemaker, W. S. Sly and S. D. Minteer, *Electrochemical and Solid State Letters*, 2011, **14**, E9-E13.
51. M. M. Bradford, *Anal Biochem*, 1976, **72**, 248-254.
52. O. H. Lowry, N. J. Rosebrough, A. L. Farr and R. J. Randall, *J Biol Chem*, 1951, **193**, 265-275.
53. P. K. Smith, R. I. Krohn, G. T. Hermanson, A. K. Mallia, F. H. Gartner, M. D. Provenzano, E. K. Fujimoto, N. M. Goeke, B. J. Olson and D. C. Klenk, *Analytical Biochemistry*, 1985, **150**, 76-85.
54. C. N. Pace, F. Vajdos, L. Fee, G. Grimsley and T. Gray, *Protein Sci*, 1995, **4**, 2411-2423.
55. E. Gasteiger, C. Hoogland, A. Gattiker, S. e. Duvaud, M. Wilkins, R. Appel and A. Bairoch, in *The Proteomics Protocols Handbook*, ed. J. Walker, Humana Press, 2005, pp. 571-607.
56. P. Artimo, M. Jonnalagedda, K. Arnold, D. Baratin, G. Csardi, E. de Castro, S. Duvaud, V. Flegel, A. Fortier, E. Gasteiger, A. Grosdidier, C. Hernandez, V. Ioannidis, D. Kuznetsov, R. Liechti, S. Moretti, K. Mostaguir, N. Redaschi, G. Rossier, I. Xenarios and H. Stockinger, *Nucleic Acids Res*, 2012, **40**, W597-603.
57. R. K. Scopes, *Analytical Biochemistry*, 1974, **59**, 277-282.
58. L. J. Jones, R. P. Haugland and V. L. Singer, *Biotechniques*, 2003, **34**, 850-854, 856, 858 passim.
59. D. A. Berthold, G. T. Babcock and C. F. Yocum, *FEBS Letters*, 1981, **134**, 231-234.
60. R. Porra, *Photosynthesis Research*, 2002, **73**, 149-156.
61. A. L. Shapiro, E. Vinuela and J. V. Maizel, Jr., *Biochem Biophys Res Commun*, 1967, **28**, 815-820.
62. Z. Duan and R. Sun, *Chemical Geology*, 2003, **193**, 257-271.
63. B. H. Gibbons and J. T. Edsall, *Journal of Biological Chemistry*, 1963, **238**, 3502-3507.

64. M. B. Ansorge-Schumacher, S. Steinsiek, W. Eberhard, N. Keramidas, K. Erkens, W. Hartmeier and J. Buchs, *Biotechnology and Bioengineering*, 2006, **95**, 199-203.
65. S. Satienperakul, T. J. Cardwell, R. W. Cattrall, I. D. McKelvie, D. M. Taylor and S. D. Kolev, *Talanta*, 2004, **62**, 631-636.
66. S. Floate and C. E. W. Hahn, *Sensors and Actuators B-Chemical*, 2005, **110**, 137-147.
67. S. Schaden, M. Haberkorn, J. Frank, J. R. Baena and B. Lendl, *Applied Spectroscopy*, 2004, **58**, 667-670.
68. R. B. Dawson, *Data for biochemical research*, Clarendon Press, Oxford, 1985.
69. J. R. Lakowicz, H. Szmacinski, K. Nowaczyk and M. L. Johnson, *Proc. Natl. Acad. Sci. U. S. A.*, 1992, **89**, 1271-1275.
70. S. L. Johnson and P. T. Tuazon, *Biochemistry*, 1977, **16**, 1175-1183.
71. N. McCann, D. Phan, X. Wang, W. Conway, R. Burns, M. Attalla, G. Puxty and M. Maeder, *The Journal of Physical Chemistry A*, 2009, **113**, 5022-5029.
72. H. Mori and R. Ohmori, *Journal of Health Science*, 2008, **54**, 212-215.
73. J. C. Rabinowitz, in *Methods of enzymatic analysis*, ed. H. U. Bergmeyer, Academic Press, Inc., New York, 1974, pp. 1546-1550.
74. D. L. Singleton, G. Paraskevopoulos and R. S. Irwin, *Journal of Photochemistry*, 1987, **37**, 209-216.
75. K. Schofield, *Progress in Energy and Combustion Science*, 2008, **34**, 330-350.
76. S. Kage, K. Kudo, H. Ikeda and N. Ikeda, *Journal of Chromatography B*, 2004, **805**, 113-117.
77. B. Davis, *Analytical Chemistry*, 1977, **49**, 832-834.
78. R. Sleat and R. A. Mah, *Applied and Environmental Microbiology*, 1984, **47**, 884-885.
79. B. J. Compton and W. C. Purdy, *Canadian Journal of Chemistry*, 1980, **58**, 2207-2211.
80. J. J. van Deemter, F. J. Zuiderweg and A. Klinkenberg, *Chemical Engineering Science*, 1956, **5**, 271-289.
81. THÉORIE DE LA CHROMATOGRAPHIE (2), http://www.masterchimie1.u-psud.fr/Chromatoweb/theoriechromato2.html.
82. S. Brunauer, P. H. Emmett and E. Teller, *Journal of the American Chemical Society*, 1938, **60**, 309-319.
83. W. W. Lukens, P. Schmidt-Winkel, D. Y. Zhao, J. L. Feng and G. D. Stucky, *Langmuir*, 1999, **15**, 5403-5409.
84. L. Michaelis, M. L. Menten, K. A. Johnson and R. S. Goody, *Biochemistry*, 2011, **50**, 8264-8269.
85. H. Lineweaver and D. Burk, *Journal of the American Chemical Society*, 1934, **56**, 658-666.
86. J. A. Rollin, T. K. Tam and Y. H. P. Zhang, *Green Chemistry*, 2013, **15**, 1708-1719.
87. W. Vishniac and S. Ochoa, *Journal of biological chemistry*, 1952, **195**, 75-93.
88. J. Liu and M. Antonietti, *Energy & Environmental Science*, 2013, **6**, 1486-1493.
89. E. Steckhan, S. Herrmann, R. Ruppert, E. Dietz, M. Frede and E. Spika, *Organometallics*, 1991, **10**.
90. M. Poizat, I. Arends and F. Hollmann, *Journal of Molecular Catalysis B-Enzymatic*, 2010, **63**, 149-156.
91. O. Aschenbrenner and P. Styring, *Energy & Environmental Science*, 2010, **3**, 1106-1113.
92. H. A. Relyea and W. A. van der Donk, *Bioorganic Chemistry*, 2005, **33**, 171-189.
93. T. W. Johannes, R. D. Woodyer and H. M. Zhao, *Applied and Environmental Microbiology*, 2005, **71**, 5728-5734.
94. D. Riesenberg, *Current Opinion in Biotechnology*, 1991, **2**, 380-384.
95. D. Riesenberg, V. Schulz, W. A. Knorre, H. D. Pohl, D. Korz, E. A. Sanders, A. Ross and W. D. Deckwer, *Journal of Biotechnology*, 1991, **20**, 17-28.
96. I. Chevalot and A. Marc, *Biotechnology Letters*, 1993, **15**, 791-796.
97. I. Schomburg, A. Chang, S. Placzek, C. Sohngen, M. Rother, M. Lang, C. Munaretto, S. Ulas, M. Stelzer, A. Grote, M. Scheer and D. Schomburg, *Nucleic Acids Res*, 2013, **41**, D764-772.
98. I. G.-J. Oroz-Guinea, E., *Curr. Opin. Chem. Biol.*, 2013, **17**, 236-249.

99. G. T. R. Palmore, H. Bertschy, S. H. Bergens and G. M. Whitesides, *Journal of Electroanalytical Chemistry*, 1998, **443**, 155-161.
100. H. Baumler and R. Georgieva, *Biomacromolecules*, 2010, **11**, 1480-1487.
101. W. F. Liu, S. P. Zhang and P. Wang, *Journal of Biotechnology*, 2009, **139**, 102-107.
102. H. Nishise, A. Nagao, Y. Tani and H. Yamada, *Agricultural and biological chemistry*, 1984, **48**, 1603-1609.
103. E. Lam, K. B. Male, J. H. Chong, A. C. W. Leung and J. H. T. Luong, *Trends in Biotechnology*, 2012, **30**, 283-290.
104. A. Basso, P. Braiuca, S. Cantone, C. Ebert, P. Linda, P. Spizzo, P. Caimi, U. Hanefeld, G. Degrassi and L. Gardossi, *Advanced Synthesis & Catalysis*, 2007, **349**, 877-886.
105. F. Hoffmann, M. Cornelius, J. Morell and M. Froba, *Angew Chem Int Ed Engl*, 2006, **45**, 3216-3251.
106. A. J. Bailey, *Amino Acids*, 1991, **1**, 293-306.
107. P. Hara, U. Hanefeld and L. T. Kanerva, *Journal of Molecular Catalysis B: Enzymatic*, 2008, **50**, 80-86.
108. S. Datta, L. R. Christena and Y. Rajaram, *3 Biotech*, 2013, **3**, 1-9.
109. , !!! INVALID CITATION !!!
110. M. V. Tuttolomondo, M. E. Villanueva, G. S. Alvarez, M. F. Desimone and L. E. Diaz, *Biotechnology Letters*, 2013, **35**, 1571-1577.
111. Z. Zhang, F. He and R. Zhuo, *Journal of Molecular Catalysis B-Enzymatic*, 2013, **94**, 129-135.
112. M. Yoshimoto, H. Sakamoto, N. Yoshimoto, R. Kuboi and K. Nakao, *Enzyme and Microbial Technology*, 2007, **41**, 849-858.
113. J. Shi, X. Wang, Z. Jiang, Y. Liang, Y. Zhu and C. Zhang, *Bioresource Technology*, 2012, **118**, 359-366.
114. J. P. Colletier, B. Chaize, M. Winterhalter and D. Fournier, *BMC Biotechnol*, 2002, **2**, 9.
115. M. Hartmann and D. Jung, *Journal of Materials Chemistry*, 2010, **20**, 844-857.
116. Z. Zhou and M. Hartmann, *Chem Soc Rev*, 2013, **42**, 3894-3912.
117. Z. D. Zhou, G. Y. Li and Y. J. Li, *International Journal of Biological Macromolecules*, 2010, **47**, 21-26.
118. G. Fei, W. Yuxia and M. Guanghui, in *Microspheres and Microcapsules in Biotechnology*, Pan Stanford Publishing, 2013, pp. 1-47.
119. L. T. Phuoc, P. Laveille, F. Chamouleau, G. Renard, J. Drone, B. Coq, F. Fajula and A. Galarneau, *Dalton Transactions*, 2010, **39**, 8511-8520.
120. J. F. Díaz and K. J. Balkus Jr, *Journal of Molecular Catalysis B: Enzymatic*, 1996, **2**, 115-126.
121. A. Galarneau, G. Renard, M. Mureseanu, A. Tourrette, C. Biolley, M. Choi, R. Ryoo, F. Di Renzo and F. Fajula, *Microporous and Mesoporous Materials*, 2007, **104**, 103-114.
122. T. Nii and F. Ishii, in *Advances in Planar Lipid Bilayers and Liposomes*, ed. A. L. Liu, Academic Press, 2006, pp. 41-61.
123. J. Mou, J. Yang, C. Huang and Z. Shao, *Biochemistry*, 1994, **33**, 9981-9985.
124. L. Lobbecke and G. Cevc, *Biochim Biophys Acta*, 1995, **1237**, 59-69.
125. P. L. Ahl, L. Chen, W. R. Perkins, S. R. Minchey, L. T. Boni, T. F. Taraschi and A. S. Janoff, *Biochim Biophys Acta*, 1994, **1195**, 237-244.
126. M. Kranenburg and B. Smit, *FEBS Lett*, 2004, **568**, 15-18.
127. H. Komatsu and S. Okada, *Biochim Biophys Acta*, 1995, **1235**, 270-280.
128. S. Raut, S. S. Bhadoriya, V. Uplanchiwar, V. Mishra, A. Gahane and S. K. Jain, *Acta Pharmaceutica Sinica B*, 2012, **2**, 8-15.
129. A. Polozova, X. Li, T. Shangguan, P. Meers, D. R. Schuette, N. Ando, S. M. Gruner and W. R. Perkins, *Biochim Biophys Acta*, 2005, **1668**, 117-125.
130. A. A. Gurtovenko and J. Anwar, *The Journal of Physical Chemistry B*, 2009, **113**, 1983-1992.
131. B. Carion-Taravella, S. Lesieur, J. Chopineau, P. Lesieur and M. Ollivon, *Langmuir*, 2002, **18**, 325-335.
132. A. Macario, F. Verri, U. Diaz, A. Corma and G. Giordano, *Catalysis Today*, 2013, **204**, 148-155.
133. S. M. JONES, *Amine catalyzed condensation of tetraethylorthosilicate*, Elsevier, Oxford, ROYAUME-UNI, 2001.

134. D. J. Belton, S. V. Patwardhan, V. V. Annenkov, E. N. Danilovtseva and C. C. Perry, *Proc. Natl. Acad. Sci. U. S. A.*, 2008, **105**, 5963-5968.
135. K. M. Delak and N. Sahai, *Chemistry of Materials*, 2005, **17**, 3221-3227.
136. A. Galarneau, F. Sartori, M. Cangiotti, T. Mineva, F. Di Renzo and M. F. Ottaviani, *Journal of Physical Chemistry B*, 2010, **114**, 2140-2152.
137. Y. S. Tarahovsky, R. Koynova and R. C. MacDonald, *Biophys J*, 2004, **87**, 1054-1064.
138. C. Aberg, E. Sparr and H. Wennerstrom, *Faraday Discuss*, 2013, **161**, 151-166; discussion 273-303.
139. M. N. Tahir, P. Theato, W. E. G. Muller, H. C. Schroder, A. Janshoff, J. Zhang, J. Huth and W. Tremel, *Chemical Communications*, 2004, 2848-2849.
140. S. J. Marrink and D. P. Tieleman, *Biophys J*, 2002, **83**, 2386-2392.
141. S. Zalipsky, R. Seltzer and S. Menon-Rudolph, *Biotechnology and Applied Biochemistry*, 1992, **15**, 100-114.
142. N. E. Good, G. D. Winget, W. Winter, T. N. Connolly, S. Izawa and R. M. M. Singh, *Biochemistry*, 1966, **5**, 467-477.
143. K. Nakanishi, H. Minakuchi, N. Soga and N. Tanaka, *J Sol-Gel Sci Technol*, 1997, **8**, 547-552.
144. K. Szymańska, W. Pudło, J. Mrowiec-Białoń, A. Czardybon, J. Kocurek and A. B. Jarzębski, *Microporous and Mesoporous Materials*, 2013, **170**, 75-82.
145. A. Sachse, A. Galarneau, F. Fajula, F. Di Renzo, P. Creux and B. Coq, *Microporous and Mesoporous Materials*, 2011, **140**, 58-68.
146. A. Sachse, N. Linares, P. Barbaro, F. Fajula and A. Galarneau, *Dalton Transactions*, 2013, **42**, 1378-1384.
147. S. Lamare, M. D. Legoy and M. Graber, *Green Chemistry*, 2004, **6**, 445-458.
148. F. Darvishi, J. Destain, I. Nahvi, P. Thonart and H. Zarkesh-Esfahani, *Appl Biochem Biotechnol*, 2012, **168**, 1101-1107.
149. W. G. Don and H. P. Robert, in *Perry's Chemical Engineers' Handbook, Eighth Edition*, McGraw Hill Professional, Access Engineering, 2008.
150. H. Hayashi and K. Suhara, *Japanese Journal of Hospital Pharmacy*, 1983, **9**, 301-306.
151. Z. Wang, M. Etienne, F. Quilès, G.-W. Kohring and A. Walcarius, *Biosensors and Bioelectronics*, 2012, **32**, 111-117.
152. L. Soussan, J. Riess, B. Erable, M. L. Delia and A. Bergel, *Electrochemistry Communications*, 2013, **28**, 27-30.
153. S. Papanikolaou, L. Muniglia, I. Chevalot, G. Aggelis and I. Marc, *J Appl Microbiol*, 2002, **92**, 737-744.

ANNEXES

ANNEXES

ANNEXES

ANNEXE 1 : Équation de vitesse des enzymes à deux substrats.

(D'après Pascale Bobillo sur http://www.restice.univ-montp2.fr/BsfDun ici les substrat ont les noms A et B au lieu de S1 et S2 comme décris dans le Chaptire 2)

Mécanisme bi-bi ordonné :

$$v = \frac{V_M}{1 + \frac{K_A}{(A)} + \frac{K_B}{(B)} + \frac{K_{iA}K_B}{(A)(B)}}$$

Mécanisme Theorell-Chance :

$$v = \frac{V_M(B)}{1 + \frac{K_A}{(A)}}$$

Mécanisme Ping-pong :

$$v = \frac{V_M}{1 + \frac{K'_A}{(A)} + \frac{K'_B}{(B)}}$$

Avec :

$$K'_A = \frac{k_2 K_A}{k_1 + k_2} \quad K'_B = \frac{k_1 K_B}{k_1 + k_2}$$

Mécanisme Aléatoire avec interaction entre les sites :

$$v = \frac{V_M}{1 + \frac{K_A}{(A)} + \frac{K_B}{(B)} + \frac{K_A K_B}{(A)(B)}}$$

Mécanisme Aléatoire sans interaction entre les sites :

$$v = \frac{V_M}{1 + \frac{K_B}{(B)}\left[1 + \frac{K_A}{(A)}\right]}$$

ANNEXE 2 : Solutions utilisées pour gel d'electrophorèse sur polyacrylamide en condition dénaturante (SDS-PAGE).

Gel de migration 12 %
H2O	5,1 mL
Tris HCl* 1,5 M pH 8,8	3,75 mL
SDS 10 % (m/v)	150 µL
Acrylamide/bis (30 % / 0,8% m/v)	6 mL
Persulfate d'ammonium	75 µL
TEMED*	15µL

Gel de concentration 5%
H2O	5,7 mL
Tris HCl 0,5 M pH 6,8	2,5 mL
SDS 10 % (m/v)	1,7 mL
Acrylamide/bis (30 % / 0,8% m/v)	100 µL
Ammonium persulfate	50 µL
TEMED	10 µL

Tampon de migration 5X
Tris-HCl pH 8,5	15 g.L^{-1}
Glycine	72 g.L^{-1}
SDS	5g.L^{-1}

Solution de coloration
Acide orthophosphorique	2 % (v/v)
Sulfate d'ammonium	6 % (v/v)
Bleu de Coomassie	0,1 % (m/v)
SDS	2 % (m/v)
β-mercaptoéthanol	5 % (v/v)

Solution de décoloration
H2O	50 % (v/v)
Ethanol	40 % (v/v)
Acide acétique	10 % (v/v)

*Tris : Tris : trishydroxyméthylaminométhane.
*TEMED : Tétraméthyléthylènediamine.

ANNEXE 3 : Milieux de culture utilisés pour la production de PTDH en flasque et en fermenteur

Milieu Luria Bertani (LB)
Tryptone   10g.L^{-1}
Extrait de levure   5 g.L^{-1}
NaCl   10g.L^{-1}
Milieu LB-Amp   + ampicilline (100 µg.mL^{-1})

Milieu Terrific Broth (TB)
Milieu commercial   Fluka #T0918
Milieu TB-Amp   + ampicilline (100 µg.mL^{-1})

Milieu Riesenberg
Incomplet
Glycérol   10 g.L^{-1}
KH_2PO_4 13,3g.L^{-1}
$(NH_4)_2HPO_4$ 4g.L^{-1}
Acide citrique   1,7g.L^{-1}
Complet avec l'ajout de
$MgSO_4, 7 H_2O$ 1,2g.L^{-1}
EDTA   8,4 mg.L^{-1}
$CoCl_2, 6 H_2O$ 2,5 mg.L^{-1}
$MnCl_2, 4 H_2O$ 15 mg.L^{-1}
$CuCl_2, 2 H_2O$ 1,5 mg.L^{-1}
H_3BO_3 3 mg.L^{-1}
$Na_2MoO_4, 2H_2O$ 2,5 mg.L^{-1}
$Zn(CH_3COO)_2, 2H_2O$ 13 mg.L^{-1}
Fe(III) citrate   100 mg.L^{-1}
Thiamine, HCl   4,5 mg.L^{-1}
Solution de Feeding
Glycérol   1061 g.L^{-1}
$MgSO_4, 7 H_2O$ 20 g.L^{-1}
EDTA*   13 mg.L^{-1}
$CoCl_2, 6 H_2O$ 4 mg.L^{-1}
$MnCl_2, 4 H_2O$ 23,5 mg.L^{-1}
$CuCl_2, 2 H_2O$ 2,5 mg.L^{-1}
H_3BO_3 5 mg.L^{-1}
$Na_2MoO_4, 2H_2O$ 4 mg.L^{-1}
$Zn(CH_3COO)_2, 2H_2O$ 16 mg.L^{-1}
Fe(III) citrate   40 mg.L^{-1}

*EDTA : acide éthylène diamine tétraacétique.

ANNEXE 4 : Solutions utilisées pour la purification de PTDH sur colonne d'affinité au zinc et en chromatographie par perforation

SBA : Tampon de chargement pH 7,6
NaCl	0,5 M
Glycérol	20% (v/v)
Tris HCl	20 mM

SBB : Tampon de lavage pH7,6
NaCl	0,5 M
Glycérol	20% (v/v)
Tris HCl	20 mM
Immidazole	10 mM

EB : Tampon d'élution pH 7,6
NaCl	0,5 M
Glycérol	20% (v/v)
Tris HCl	20 mM
Immidazole	500 mM

CB : Tampon de conservation pH 7,25
MOPS*	50 mM
Glycérol	20% (v/v)
DTT*	1 mM
NaCl	0,2 M

*MOPS : acide 3-(N-morpholino)propanesulfonique.
*DTT : Dithiothréitol.

ANNEXE 5 : Algorithme utilisé pour le feeding linéaire « pH stat » lors de la production de PTDH en fermenteur :

```
IF pH > 2
dFP3 = 0,02
ELSE
dFP3 = 0
END
```

Avec « pH » étant la variable relevée du pHmètre du fermenteur et dFP3 la consigne de la pompe permettant d'alimenter le fermenteur en solution de « feeding ».

ANNEXE 6 : Plan d'expérience qui à mené a la découverte de la formulation NPS (d'après la thèse de P. Laveille soutenue en 2009)

Conditions expérimentales	Facteurs constants		
	Température de synthèse	Tampon phosphate	pH
	37 °C	V = 7000 µL	6

Variable centrée réduite	FACTEUR PRIS EN COMPTE LORS DU PLAN D'EXPERIENCE					
	Gémoglobine (Hb)	Lactose (Lact)	Lécithine (Lec)	Dedécylamine (Dod)	Ethanol Absolu (EtOH)	TEOS
	-	-	-	d = 0,806	d = 0,790	d = 0,934
-1	50 mg	50 mg	300 mg	50 mg	2 g	1 g
1	175 mg	175 mg	500 mg	100 mg	6 g	2 g

Récapitulatif des activités des matériaux synthétisés à partir du plan d'expérience décris p. 166

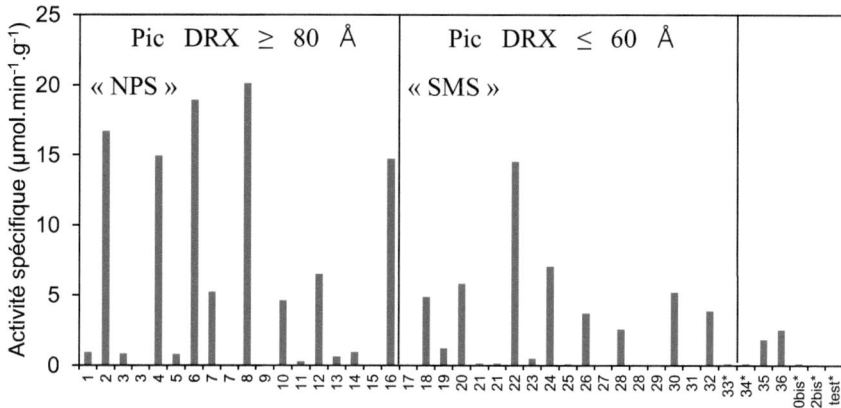

ANNEXE 6 : Analyse thermogravimétrique des nanoparticules NPS.

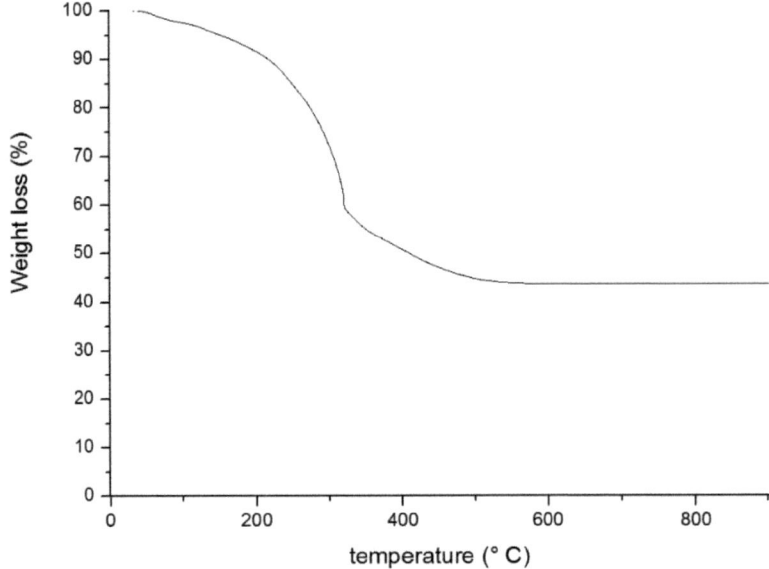

ANNEXE 7 : Image TEM des NPS analysées en DRX/ATG/BET/Cryo-TEM/DLS

ANNEXES

PAPER

Reduction of CO_2 to methanol by a polyenzymatic system encapsulated in phospholipids–silica nanocapsules†

Rémi Cazelles,[a] Jullien Drone,[a] François Fajula,[a] Ovidiu Ersen,[b] Simona Moldovan[b] and Anne Galarneau*[a]

Cite this: New J. Chem., 2013, 37, 3721

Received (in Montpellier, France) 25th June 2013,
Accepted 19th August 2013

DOI: 10.1039/c3nj00688c

www.rsc.org/njc

By reversing the biological metabolic reaction pathway of three dehydrogenases, a formate dehydrogenase, a formaldehyde dehydrogenase and an alcohol dehydrogenase, it was possible to transform CO_2 into methanol by a cascade reaction. The activity of each enzyme was examined separately and then the relative amount of each enzyme for the cascade reaction was optimized. The enzymes consume one molecule of the NADH cofactor each to run which should be regenerated for cost reasons. Three different NAD^+ regenerating systems were compared: 2 enzymes (phosphite dehydrogenase (PTDH) and glycerol dehydrogenase) and a natural photosystem extracted from spinach leaves (chloroplasts). PTDH was proven to be more efficient at neutral pH. The new polyenzymatic system (4 enzymes) was then encapsulated in silica nanocapsules (internal diameter 30 nm) nanostructured by phospholipids (NPS). This hybrid nanobioreactor showed an activity 55 times higher than the free enzymes in solution. A methanol production of 42 µmol g_{NPS}^{-1} corresponding to 4.3 mmol $g_{commercial\ enzymatic\ powder}^{-1}$ in 3 h at room temperature and 5 bar was obtained.

1. Introduction

Considering the need for environmentally friendly carbon sources for chemical, petrochemical and pharmaceutical industries, researchers have developed a process that produces C1 synthetic building blocks from a greenhouse gas such as carbon dioxide. CO_2 is used as feedstock for the synthesis of a broad range of compounds such as urea, salicylic acid, carbonates or an alcohol like methanol.[1–3] Different pathways to produce methanol from CO_2 have been investigated: chemical, electrochemical, photochemical and enzymatic synthesis.[4–8] Among them, a polyenzymatic process using 3 dehydrogenases, firstly described by Obert and Dave,[7] operated at ambient temperature and atmospheric pressure. Its thermodynamic feasibility was proved by Wang and coworkers.[9] This low energy consuming process can be seen as a green and sustainable strategy as compared to the other techniques. The biocatalytic synthesis of methanol from CO_2 involving the 3 dehydrogenases needs a cofactor (reduced Nicotinamide Adenine Dinucleotide, NADH) to achieve the biotransformation. NADH is an expensive molecule that should be regenerated *in situ* in a cost efficient process. This can be achieved through electrochemical and photochemical reactions or by using another enzyme, which converts the oxidized form of the cofactor (NAD^+) into its reduced state (NADH).[10–13] Among these possibilities, the enzymatic pathway is often more selective and provides the highest reaction rates. Formate dehydrogenase and phosphite dehydrogenase are the more efficient recycling systems reported so far.[12,13]

Multi-enzyme cascade catalysis is an attractive alternative to chemical catalysis for the production of a number of fine chemicals, as it allows energy efficient conversion thanks to mild conditions: ambient or near ambient temperature and low pressure. Xue and Woodley already discussed the technology options and strategies that are available for the development of multi-enzymatic processes.[14] Hold and Panke have reproduced *in vitro* the glycolysis of *Escherichia coli* using several enzymes coming from the same bacterium.[15]

In the present study, we used an artificial cascade reaction, in which we combined enzymes from different organisms which may not share either similar optimal pH or have similar reaction rates at similar concentrations of reagents. Under the natural conditions, biological pathways are able to shift the equilibrium of some enzymes by controlling product concentrations, which is complicated to reproduce *in vitro*. Moreover, *in vitro* reactions take place at strong concentration of substrates,

---

[a] Institut Charles Gerhardt Montpellier, UMR 5253 CNRS-UM2-ENSCM-UM1, ENSCM, 8 rue de l'Ecole Normale, 34296 Montpellier Cedex 5, France. E-mail: anne.galarneau@enscm.fr
[b] Institut de Physique et Chimie des Matériaux de Strasbourg, UMR 7504 CNRS-University of Strasbourg, 23 rue du Loess, 67034, Strasbourg Cedex 2, France
† Electronic supplementary information (ESI) available. See DOI: 10.1039/c3nj00688c

Paper   NJC

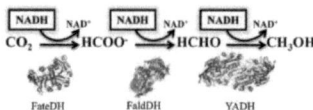

Scheme 1 Representation of the enzymatic pathway of carbon dioxide conversion into methanol by 3 dehydrogenase enzymes. Three moles of the reduced nicotinamide dinucleotide (NADH) cofactor are needed to convert 1 mole of CO_2 into methanol.

the accumulation of the products can then lead to the inactivation of the other enzymes. Furthermore, another limitation for the use of CO_2 is the low solubility of gaseous CO_2 in water and therefore its availability, a limitation which can be partly overcome by increasing the pressure.[16] Indeed CO_2 in water decomposes into carbonate species depending on the pH of the solution and an equilibrium between carbonates and gaseous CO_2 takes place. In the artificial polyenzymatic cascade reaction we studied, the formate dehydrogenase (FateDH) converts gaseous CO_2 into formate, then the formaldehyde dehydrogenase (FaldDH) converts formate into formaldehyde and finally alcohol dehydrogenase (YADH) converts formaldehyde into methanol (Scheme 1). Previous studies have highlighted the crucial role of adding a regenerating system for NADH recycling and of using an appropriate enzyme immobilization technique to improve the reaction activity.[7,17,18]

Immobilization of the enzymes is a critical concern for biochemical processes as it provides stabilization and easier use, but also in the present case, improved activity. Dave and coworkers found that these enzymes encapsulated in a silica matrix by sol–gel show higher productivity of methanol compared to free enzymes in solution.[7,17] Jiang and coworkers investigated the influence of enzyme immobilization into silica sol–gel and alginate–silica nanoparticles as well as an encapsulation in multi-compartmental titanate systems.[8,19]

Herein, we performed a systematic study of the polyenzymatic system and searched for the most effective conditions to reach the highest activity: pH, the ratio between the three enzymes, the nature of the NADH regeneration system and initial NADH concentration. Finally, we encapsulated the polyenzymatic system by an optimized silica sol–gel technique using natural phospholipids (egg lecithin) and lactose to protect the enzymes leading to phospholipids–silica nanocapsules (NPS). NPS have previously proven their efficiency for the encapsulation of bienzymatic systems such as glucose oxidase (GOx) and horseradish peroxidase (HRP) or GOx and bovine hemoglobin (Hb) to generate *in situ* H_2O_2 and oxidize polycyclic aromatic hydrocarbon pollutants in water using O_2 as an oxidant.[20,21]

2. Experimental section

2.1. Materials

Formate dehydrogenase (Homo-dimer, 80.7 kDa) from *Candida boidinii* (FateDH), formaldehyde dehydrogenase (Homo-tetramer, 168 kDa) from *Pseudomonas putida* (FaldDH) and alcohol dehydrogenase (Homo-tetramer, 141 kDa) from *Saccharomyces cerevisiae*

(YADH) enzymes were purchased from Sigma-Aldrich. These commercial powders are not pure enzymes and the effective enzyme content needs to be determined prior to use. The genetic construct encoding the phosphite dehydrogenase (PTDH) used in NADH recycling experiments was obtained by courtesy of Prof. H. M. Zhao.[13] In brief, *Escherichia coli* BL21*(DE3) (Life Technologies) was transformed by the plasmid pET15b-PTDH12x[13] and used to overexpress the enzyme as previously described with slight modifications. Homogeneous enzyme preparation was obtained after purification using IMAC Ni^{2+} (HisTrap 1 mL, GE Healthcare) followed by desalting (HiTrap 5 mL, GE Healthcare) with conservation buffer (50 mM MOPS, 10% glycerol, pH 7.25) under standard conditions. Aliquots of the enzyme were stored at -80 °C until use. Oxidized and reduced nicotinamide adenine dinucleotide (NAD^+, NADH), mono- and di-hydrogenated potassium phosphate used for buffers and phosphite (Na_2HPO_3) were obtained from Sigma-Aldrich. For the synthesis of silica nanocapsules for enzymes encapsulation, tetraethoxysilane (TEOS), egg lecithin (60%), dodecylamine, and β-D-lactose were purchased from Sigma. Potassium hydrogen carbonate ($KHCO_3$) and Na_2CO_3 were used as gaseous CO_2 sources ($CO_2(g)$) and were obtained from Sigma. At pH 6.5 and 37 °C, dehydrogenated carbonate (CO_3^{2-}) is likely nonexistent (<1%) and soluble hydrogenated carbonates coexist with gaseous CO_2 in equilibrium with 45% of $CO_2(g)$ and 55% of $K^+HCO_3^-$ (Fig. S1, ESI†), which are enough to carry out enzymatic reactions with dissolved gaseous CO_2.[22,23]

2.2. Enzyme activity measurement

2.2.1. Standard assays for commercial powder characterization. To determine the specific activity of the 3 commercial dehydrogenases, it is first necessary to quantify the real amount of enzymes contained in the commercial powders and then to quantify the activity of each enzyme by specific assays. The enzyme content was determined using the Thermo Scientific Pierce BCA Protein Assay Kit. The catalytic activities of the enzymes were determined under fixed conditions ($V = 100$ μL, $T = 37$ °C) in potassium phosphate buffer (0.1 M, pH 6.5). To characterize the activity of the formate dehydrogenase (FateDH), a standard assay was conducted as follows: NAD^+ (1 mM) and formate ($HCOO^-$ 500 mM) were mixed with FateDH (10 mg L^{-1}). For the formaldehyde dehydrogenase (FaldDH), the standard assay was carried out using NAD^+ (0.5 mM), formaldehyde (HCHO 6 mM) and FaldDH (10 mg L^{-1}). For the alcohol dehydrogenase (YADH), the standard assay was performed with NADH (0.025 mM), formaldehyde (HCHO 100 mM) and YADH (1 mg L^{-1}). The activity of the enzymes was determined by following the increase (for FateDH and FaldDH) or the decrease (for YADH) of the absorbance band of NADH at 340 nm by UV-Vis spectroscopy. The pH meter used to adjust pH stock solutions was from Eutech instrument, model pH510. A mini hybridization oven from Appligen was used for all the thermostated reactions and synthesis.

2.2.2. Optimization of the polyenzymatic system used to reduce CO_2 into methanol. All reactions were carried out under a N_2 or CO_2 atmosphere in order to avoid oxidation of NADH.

Solutions of enzymes and chemicals were prepared in sonicated, demineralized H_2O. The optimum pH for each enzyme under their reductive reaction pathway was investigated using different buffer solutions. Solutions of pH 4.5, 5.5, 6, 6.5, 7, 7.5, 8, 8.5, 9, 9.3 were prepared by mixing 1 M K_2HPO_4 solution with 1 M KH_2PO_4 solution, pH was adjusted using a pH meter at 25 °C. The activity of FateDH (0.1 g L^{-1}) was measured at 25 °C in 100 μL of 96-well plates with a 0.1 M phosphate buffer solution, NADH (1.5 mM) and Na_2CO_3 (1 mM) used as the CO_2 source. The activity of FaldDH (0.1 g L^{-1}) was measured at 25 °C in 100 μL of 96-well plates with a 0.1 M phosphate buffer solution, NADH (1 mM) and HCOO$^-$ (2 mM) as substrates. The activity of YADH (0.01 g L^{-1}) was measured at 25 °C in 100 μL of 96-well plates with a 0.1 M phosphate buffer solution, NADH (1 mM) and HCHO (3 mM) as substrates. The reactions were carried out in a 0.6 mL Eppendorf tube placed in an incubator at 37 °C with stirring at 250 rpm, for 72 h under a CO_2 atmosphere.

To determine the optimal FaldDH/FateDH ratio, different solutions were prepared using a fixed FateDH concentration (0.1 g L^{-1}) and a variable FaldDH concentration (from 0 to 1.5 g L^{-1}) in a pH 6.5 buffer solution (KH_2PO_4-K_2HPO_4 at 0.1 M) with the following amounts of cofactor and substrate: cofactor [NADH] = 10 mM and [$KHCO_3$] = 100 mM. To determine the best YADH/FaldDH ratio, different solutions were prepared using a fixed FaldDH concentration (0.1 g L^{-1}) and a variable YADH concentration (from 0 to 1 g L^{-1}) in a pH 6.5 buffer solution (KH_2PO_4-K_2HPO_4 at 0.1 M) with the following amounts of cofactor and substrate: cofactor [NADH] = 10 mM and [HCOO$^-$] = 100 mM. The reactions were carried out in a 0.6 mL Eppendorf tube placed in an incubator at 37 °C with stirring at 250 rpm for 22 h under a N_2 atmosphere.

To investigate the NADH recycling system, two enzymes were tested: the phosphite dehydrogenase (PTDH, 10 mg L^{-1}) using phosphite (Na_2HPO_3, 0.5 M) as a substrate and the glycerol dehydrogenase (GlyDH, 10 mg L^{-1}) using glycerol (0.5 M) as a substrate. The two mixtures were incubated in potassium phosphate buffer (0.1 M) with pH varying from 4.5 to 9.3. The reaction took place in a microplate spectrophotometer at 37 °C after adding the oxidized form of the cofactor NAD$^+$ (1 mM). Another NADH regenerating system was studied, a natural photosystem of chloroplast suspension prepared from spinach leaves as described by Berthold et al.[24] A solution containing a chloroplast suspension (0.3 g$_{chlorophyll}$ L^{-1}) in a 0.1 M phosphate buffer solution pH 6 was activated using a 40 W Neon desk lamp in the presence of the oxidized form of the cofactor NAD$^+$ (1 mM). The NADH regenerating capacity of the 3 systems was followed by monitoring the appearance of an NADH band at the absorbance of 340 nm by UV-Vis spectroscopy.

2.2.3. **Activity of the polyenzymatic system used to reduce CO_2 to methanol**. The 3 enzymes, FateDH, FaldH and YADH in optimized ratios of commercial powder (0.01, 0.15 and 0.75 g L^{-1}, respectively) were incubated in phosphate buffer solution (0.05 M, pH 6.5) containing $KHCO_3$ (0.05 M) and NADH with a variable concentration from 0 to 0.2 M to identify the most suitable ratio of NADH needed for the reaction. The Eppendorfs used for the enzymatic reaction were flushed with CO_2 prior to incubation at 37 °C for 65 hours. The optimization of the amount of regenerating system (PTDH) was investigated by adding NADH (0.01 M), Na_2HPO_3 (0.05 M) and a variable amount of PTDH from 0 to 6.1 g L^{-1} of pure enzyme. The influence of CO_2 pressure to increase CO_2 gaseous concentration in the aqueous reaction (Fig. S1, ESI†) was investigated for 3 h at 37 °C under 0.5 MPa (5 bar) of CO_2 by using the optimized ratio of the polyenzymatic system and NADH: FateDH, FaldDH, and YADH (0.01, 0.15, and 0.75 g L^{-1}, of commercial enzymatic powder, respectively) and PTDH (3.5 g L^{-1} of pure enzyme) in a phosphate buffer solution (0.05 M, pH 6.5) containing NADH (0.1 M).

2.3. Enzymes encapsulation in silica nanocapsules (NPS) and bioactivity

Silica nanocapsules (NPS) were synthesized as reported by Galarneau et al.[21] in a 1.5 mL Eppendorf tube. An organic solution of lecithin (0.1 g), dodecylamine (7.5 mg) and ethanol (0.290 mL) was first prepared. An aqueous solution was prepared containing 0.15 mL of potassium phosphate buffer (0.1 M, pH 6.5), β-D-lactose (1.25 mg), NADH (0.03 mM) and the optimized polyenzymatic system FateDH (0.05 g L^{-1}), FaldDH (0.75 g L^{-1}), and YADH (3.75 g L^{-1}). Another aqueous solution was also prepared by adding the NADH regenerating enzyme PTDH in the following ratio: FateDH (0.0066 g L^{-1}), FaldDH (0.10 g L^{-1}), YADH (0.50 g L^{-1}) of enzymatic commercial powder and PTDH (2.31 g L^{-1}) of pure enzyme. A volume of 43 μL of the organic solution was stirred magnetically at 1300 rpm at 37 °C and then 150 μL of the aqueous solution was added dropwise. After complete addition and 3 min stirring, a homogeneous emulsion was obtained. Then TEOS (25 μL) was added dropwise always under magnetic stirring at 1300 rpm and homogenized for 60 minutes until the silica gelification occurs and prevents the magnetic stirrer to rotate. The mixture was then aged in a static environment for 22 h at 37 °C. A volume of 0.5 mL of potassium buffer (0.1 M, pH 7) was added to the resulting gel and was then centrifuged for 30 min at 4 °C and 10000 rpm. Then the supernatant was filtered using 0.2 μm filters and passed through a 10 mL Sephadex G25 column to separate enzymes from chemicals used for the synthesis. The Bradford assay was used to determine the protein concentration in the supernatant. The washing step was repeated 4 more times. After washing the NPS material was dried under vacuum with P_2O_5 for 72 h at 20 °C. The resulting as-synthesized NPS powders were stored at 4 °C.

2.4. Characterization

2.4.1. **Reaction product characterization.** Methanol amount was determined using a Varian 3900 gas chromatograph with a polar column (DB 52-CB column 25 × 0.32 × 0.25) and a FID detector by using 1-pentanol as internal standard. The injector was set at 220 °C with a column temperature of 55 °C for 3 min, then from 55 °C to 220 °C at 20 °C min^{-1} under a hydrogen flow of 1.2 mL min^{-1}. The N_2 flux was fixed based on the Van Deemter curve of the methanol chromatographic peak. Chromatograms show the separation of methanol from formaldehyde (Fig. S2, ESI†). The quantification of formaldehyde by gas chromatography was inefficient because of its

Paper

low coefficient response with a FID detector, that is why the Nash method[25] was preferred.

2.4.2. Silica nanocapsule (NPS) characterization. XRD patterns were recorded using a Bruker D8 Advance diffractometer with Bragg–Brentano geometry and equipped with a Bruker Lynx Eye detector. XRD patterns were recorded in the range 0.5–6° (2θ) with an angular step size of 0.0197° and a counting time of 0.2 s per step. SEM images were obtained using a Hitachi S4800 microscope. Thermogravimetric analyses (TGA) were performed using a Perkin Elmer STA6000 thermogravimeter. The materials were heated in a N_2-flow at 900 °C with a temperature ramp of 5 °C min^{-1}. Textural properties of the as-synthesized nanocapsules were determined by N_2 adsorption–desorption at 77 K on a Micromeritics Tristar 3000 apparatus. Samples were previously outgassed in a vacuum at 50 °C for 12 h. To characterize their particle size, the silica nanocapsules were first sonicated for 30 min in water before performing size measurement on a Zeta sizer Nano ZS90 instrument.

The electron tomography experiments were carried out on a JEOL 2100F transmission electron microscope (TEM) with a field emission gun operating at 200 kV, equipped with a probe corrector and a GATAN Tridiem energy filter. Prior to observation, the silica nanocapsules were dispersed in deionized water and then sonicated for several minutes. Up to 5 droplets were further deposited onto a copper grid covered by a holey carbon membrane rendered hydrophobic by H_2/Ar plasma cleaning. Afterwards, the specimen was plunged into liquid ethane and mounted on the cryo holder. The latest manipulations were carried out in liquid nitrogen (77 K) in a similar manner as for the biological specimens. Even so, the specimen morphology considerably changed under the electron beam. One should keep in mind as well that during the acquisition of a complete tomography series the specimen is to be exposed to the electron flux for durations of one hour or more. Therefore, we have tested several representative regions in terms of electron beam induced damage, by employing different electron doses and irradiation durations. Once these conditions were established, two tomography series were acquired by tilting the specimen over a range of ±60°, with an image recorded for every 2°. The images were aligned by using the cross-correlation algorithm implemented in the IMODod software. The reconstructions have been computed using 10 iterations within the algorithms based on algebraic reconstruction techniques (ART) implemented in the TOMOJ software. The visualization and quantitative analysis of the final volumes have been done by using the ImageJ software. The statistic distribution of the particle sizes has been built up by direct measurement of 50 nanocapsules observed in the 2D slices extracted from reconstructed volume.

3. Results and discussion

3.1. Optimization of the polyenzymatic system FateDH–FaldDH–YADH

Formate dehydrogenase (FateDH) from *Candida boidinii*, formaldehyde dehydrogenase (FaldDH) from *Pseudomonas putida* and alcohol dehydrogenase (YADH) from *Saccharomyces cerevisiae* are the enzymes originally used for the overall enzymatic conversion of CO_2 to methanol.[7] However, to the best of our knowledge, no systematic study has been performed to determine the amount of active enzyme contained in the commercial enzymatic powders and the optimal conditions of reaction (pH and the relative amount of each enzyme in the polyenzymatic system) to run efficiently the cascade reaction. Here we report a systematic study of the combination of the three different enzymes to get an effective catalytic system. Firstly we investigated the enzyme activity under standard conditions to determine the amount of active enzymes in the commercial powder. In terms of protein or enzyme amount, we found that 160 mg, 140 mg and 630 mg of protein per g of commercial powders were effectively present in FateDH, FaldDH and YADH commercial enzymatic powders, respectively. This confirms that enzyme suppliers add a lot of additives (*e.g.* sucrose, polyethylene glycol, NaCl) before lyophilization to stabilize the enzymes into their commercial forms and therefore the exact amount of active enzyme has to be determined for each batch. The content of active enzymes may vary from batch to batch of commercial enzymatic powders and rather than mass, one should use the activity expressed in Unit (U: micromoles of product formed per min) to be accurate. For the enzymatic commercial powders we used, we found specifics activities of 55 U mg$_{FateDH}$$^{-1}$, 14 U mg$_{FaldDH}$$^{-1}$ and 2300 U mg$_{YADH}$$^{-1}$ expressed by mg of commercial enzymatic powder (corresponding to a Unit ratio of 1/3.8/3136 U/U/U for FateDH, FaldDH and YADH, respectively). However all of the following weights of commercial enzymatic powder described in this paper should be recalculated from the standard units when a new commercial enzymatic powder is used. The activity of the 3 enzymes in the reductive reactions (Scheme 1) was studied at different pH to determine the optimum pH for the cascade reaction. FateDH and FaldDH cannot reduce CO_2 and $HCOO^-$, respectively, at pH > 8.5 (Fig. 1). The overall reduction of CO_2 to methanol should be carried out at pH values between 6 and 7 to allow at least 80% efficiency of each enzyme, this is concordant with the literature.[26] It appears that highest activities for all the enzymes were obtained at pH 6.5 (Fig. 1). As CO_2 bubbled into water solution gives immediately an equilibrium between soluble gaseous CO_2

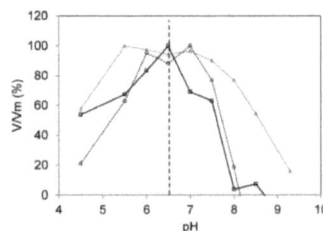

Fig. 1 Relative activity as a function of pH for the 3 enzymes FateDH, (○), FaldDH (□) and YADH (△) in 0.1 M potassium phosphate buffer at 25 °C for their specific reductive reactions.

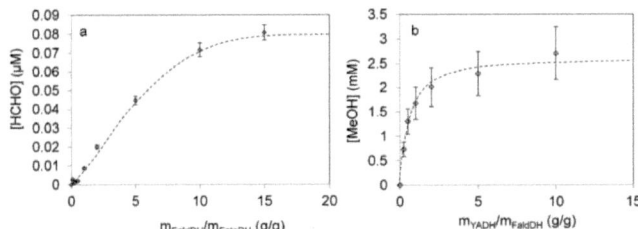

Fig. 2 (a) Influence of the relative amount of FateDH and FaldDH for the conversion of $CO_2(g)$ into formaldehyde at a fixed concentration of FateDH (0.1 g L^{-1}) (72 h with KHCO$_3$ (100 mM) as the substrate). (b) Influence of the relative amount of FaldDH and YADH for the conversion of formate into methanol at a fixed concentration of FaldDH (0.1 g L^{-1}) (22 h with HCOO$^-$ (100 mM) as the substrate). All the reactions were carried out in phosphate buffer (0.1 M, pH 6.5) at 37 °C under a saturated N$_2$ atmosphere with NADH (10 mM).

($CO_2(g)$) and hydrogen-carbonate, with a proportion of 45% of $CO_2(g)$ and 55% of HCO_3^- at pH 6.5, we added KHCO$_3$ instead of bubbling CO_2 for a better reproducibility of the reaction (Fig. S1, ESI†). The affinity constant of FateDH and FaldDH for CO_2 is nearly two orders of magnitude lower than for HCOO$^-$. The Michaelis constants found for the oxidative and reductive reactions of FateDH are K_{mCO_2} = 30–50 mM $\gg$ K_{mHCOO^-} = 0.5 mM,[23,27] and for FaldDH K_{mHCOO^-} has never been described in the literature and K_{mHCHO} = 0.09 mM.[28] However the enzymes can be forced to catalyze their unfavorable reduction reaction by adding an excess of the NADH cofactor (NADH/NAD$^+$ molar ratio $\geq$ 2000).[29] Moreover care should be taken to measure the activity of the enzymes, which has been usually done by following the disappearance of the NADH band in the UV-Vis spectra at 340 nm, as we found that NADH interacts with CO_2 by most probably forming a complex between NH_2 groups of NADH and CO_2 (as CO_2 is very well known to interact preferentially with amines),[30] which displaces the band at 340 nm (Fig. S3, ESI†). This complexation artificially increases the rate of the reaction. However another UV-Vis band located at 290 nm characteristic of the probable NADH–CO_2 complex could be used to follow the consumption of NADH. To be more accurate another analytic method (gas chromatography or the Nash reagent) should be preferred for this kind of reaction when using at the same time NADH and CO_2. In order to displace the reaction in favor of the reduction, the addition of an excess of the second enzyme in the bienzymatic system is necessary. For the FaldDH–FateDH bienzymatic system, an optimum activity corresponding to a productivity of 60 μM formaldehyde in 72 h was reached for an excess of 15 g L^{-1} of FaldDH for 1 g L^{-1} of FateDH (Fig. 2a). The transformation of formaldehyde into methanol is more favorable as methanol is not a suitable substrate for YADH (K_{mMeOH} = 130 mM). The equilibrium between MeOH and HCHO is therefore naturally displaced toward the production of MeOH. The optimization of the bienzymatic system YADH–FaldDH has been performed. An excess of 5 g L^{-1} of YADH for 1 g L^{-1} of FaldDH was necessary to get the highest activity corresponding to a productivity of 2.3 mM methanol in 22 h

from formate (HCOO$^-$) (Fig. 2b). The optimum ratio of the three polyenzymatic systems FateDH, FaldDH and YADH is therefore 0.01, 0.15 and 0.75 g L^{-1} of commercial enzymatic powder, respectively (the conversion factor between commercial enzymatic powder and pure enzymes is 0.16, 0.14 and 0.63 g$_{pure\ enzyme}$ g$_{commercial\ enzymatic\ powder}^{-1}$ for FateDH, FaldDH and YADH, respectively). However, this optimum ratio differs from the weight ratio previously used in the literature for this polyenzymatic system, where for example the same mass of each commercial powder was used.[7,17,31] The reduction of CO_2 into methanol was performed in the previous experiments in the presence of a concentration of NADH of 10 mM. We found that the optimum concentration of NADH for this cascade reaction was 100 mM (Fig. 3) and corresponds to a productivity in methanol of 0.05 mM in 65 h.

3.2. NADH cofactor regeneration systems

NADH is an expensive cofactor, which is consumed stoichiometrically during the enzymatic reaction. Thus, for one molecule of MeOH produced, 3 molecules of NADH will have to be consumed, rendering the whole process prohibitive without recycling.[7] Interestingly, a photosystem PSII was attempted giving no by-products except O_2 produced from H_2O.[17] The authors claimed that the sole

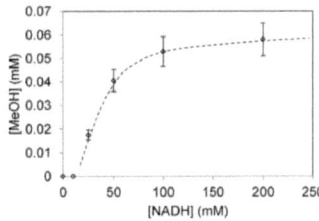

Fig. 3 Influence of initial NADH concentration for CO_2 conversion into methanol with the optimized amount of the trienzymatic system: FateDH, FaldDH, and YADH of 0.01, 0.15 and 0.75 g L^{-1}, respectively (65 h at 37 °C in a phosphate buffer (0.05 M, pH 6.5) with KHCO$_3$ (0.05 M) as the substrate).

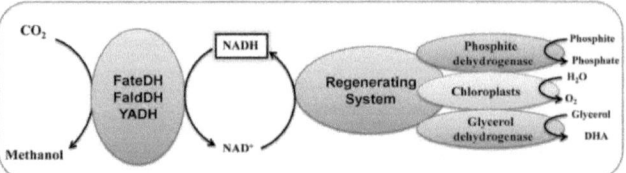

Scheme 2 Schematic representation of CO_2 valorization into methanol using different NADH regenerating systems.

photosystem PSII was able to regenerate NADH with sunlight. However the real photosystem able to regenerate NADH is more complicated. The active photosystem is in fact a chloroplast suspension containing five different proteins, which are present on thylakoid membranes within the cell and can be extracted from spinach leaves.[32,33] Several light harvesting complexes, an oxygen evolving complex, two photosystems (PSI and PSII), a plastoquinone pool, cytochrome bf6 complex and a ferrodoxin reductase are required. The plastoquinone transfers electrons from one photosystem to the other and the two essential macromolecular proteins are carrying organometallic complexes bounded on each photosystem. The first protein bounded to PSII contains an oxygen evolving complex (OEC), which can extract electrons from water and the second protein called ferrodoxin, bounded to PSI allows the cofactor regeneration with the concomitant use of a ferrodoxin reductase enzyme (EC 1-18-1-2).[33,34] In our study, we chose to compare this complex photosystem with two enzymes (Scheme 2): the phosphite dehydrogenase (PTDH), one of the most efficient enzymatic recycling systems reported so far (together with formate dehydrogenase[12,13] but already used here in the opposite direction) which converts phosphite into phosphate, a chemical used to buffer the solution, and the glycerol dehydrogenase (GlyDH), which transforms glycerol into dihydroxyacetone (DHA, a tan cosmetics). Glycerol is known to stabilize enzymes and could also help to solubilize gaseous CO_2 into water as CO_2 is 11 times more soluble in glycerol than in water (0.36 mol L^{-1} at 25 °C).[35] The pH dependency of the two regenerating enzymes has been investigated (Fig. 4a). PTDH has an optimum activity at $6 < pH < 8$ and GlyDH is more active at pH 8 to 9. GlyDH presents only 20% of its activity at pH 6.5. Therefore, under the catalytic conditions needed for the CO_2 reduction into methanol (pH 6.5, 37 °C) PTDH is 4 times more active than GlyDH (Fig. 4b). For the chloroplast photosystem, only 0.25 mM NADH was obtained in 30 minutes, which is below the NADH regenerating activity of PTDH. The low activity of the chloroplast could be explained by the poor stability of chloroplasts with time in water and the oxidation of the NADH cofactor induced by the production of oxygen from the parallel reaction. An increase in the natural photosystem stability could be achieved by immobilization of the photosystem and/or the thylakoid membrane into a silica host.[17] Recently, some stable inorganic photosystems based on hierarchical nanostructured carbon nitride materials (g-C_3N_4) prepared by the Antonietti group[11] have shown some efficiency to recycle NADH, but this system was active at pH higher than 8 and formed by-products (oxidized triethanolamine). To be efficient at pH 7, a mediator ([CpRh(bpy)(H_2O)]) should be added, which is known to be an inhibitor of some enzymes.[36] Even if photosystems are very attractive, it is obvious that at this point, the most suitable system for NADH regeneration is based on phosphite dehydrogenase PTDH plus phosphite.

3.3. Reduction of CO_2 to methanol by the optimized polyenzymatic system (FateDH, FaldDH, YADH, and PTDH) free in solution

The regenerating system composed of PTDH plus phosphite was added in different amounts to the optimized polyenzymatic system of FateDH, FaldDH and YADH in the presence of an

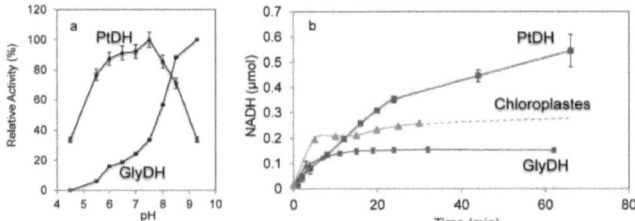

Fig. 4 (a) Relative activity of NADH formation from NAD$^+$ with PTDH (O) and GlyDH (□) as a function of pH in 0.1 M potassium phosphate buffer at 37 °C at saturated substrate concentration ([Na$_2$HPO$_3$] or [Glycerol] = 0.5 M). At pH 6.5, V_{PTDH} = 243 U mg$_{pure\ enzyme}^{-1}$ and V_{GlyDH} = 42 U mg$_{pure\ enzyme}^{-1}$; U = mmol min^{-1}. (b) NADH production from 5 mmol NAD$^+$ for the two regenerating enzymes (pH 7, 18 °C) corresponding to 50 mmol NAD$^+$ per g$_{pure\ enzyme}$ and for the photosystem to 3.3 mmol NAD$^+$ per g of equivalent chlorophylls at pH 6.

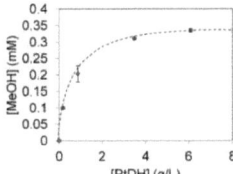

Fig. 5 Influence of phosphite dehydrogenase (PTDH) amount for CO_2 conversion into methanol with the optimized trienzymatic system: FateDH, FaldDH, and YADH of 0.01, 0.15, and 0.75 g L^{-1}, respectively. Reactions were carried out for 65 h at 37 °C in phosphate buffer (0.05 M, pH 6.5) with KHCO$_3$ (0.05 M), NADH (10 mM) and Na$_2$HPO$_3$ (0.05 M).

initial amount of 10 mM NADH. The conversion of CO_2 into methanol reaches a plateau of highest methanol productivity for a PTDH content of 3.5 g L^{-1} (Fig. 5). The optimized composition of the polyenzymatic system is: FateDH, FaldDH, YADH, and PTDH of 0.01, 0.15, and 0.75 g L^{-1} of commercial enzymatic powder, respectively, and 3.5 g L^{-1} of pure PTDH. The most suitable NADH concentration was then investigated. In the polyenzymatic system without a NADH regenerating system, the maximum conversion was obtained for 100 mM NADH (Fig. 3). In the presence of PTDH (Fig. 6), an excess of NADH increases drastically the rate of reaction (Fig. 6a) and the same optimum 100 mM NADH was found (Fig. 6b). However under these conditions, the reaction ends after 48 h. Since formate and formaldehyde were not detected, the accumulation of methanol is likely the reason for the process to be inactivated. The process could be therefore improved if continuous removal of methanol could be performed.

3.4. Encapsulation of the polyenzymatic system in phospholipid–silica nanocapsules (NPS) and their bioactivity

Previous studies by Dave and co-workers[7,17] and Jiang and co-workers[8,19] have demonstrated the importance to immobilize the polyenzymatic system FateDH, FaldDH and YADH in inorganic supports as immobilization increases the conversion of CO_2 to methanol in comparison to free polyenzymatic systems. This activity enhancement could arise from a better stability of the enzymes or a better conformation of the enzymes inside the inorganic support or from a better adsorption of CO_2(g) around the inorganic particles and inside the pores increasing the availability of CO_2(g) for the enzymes. Dave[17] used a classical silica sol–gel encapsulation procedure and Jiang and co-workers[8] found that titania oxide nanoparticles templated by protamine were most suited for CO_2 conversion. On our side, we have developed for several years a new way of enzyme encapsulation using a modified silica sol–gel procedure combined with a double protection of the enzymes by the phospholipid bilayer and lactose to avoid direct contact with the silica. This encapsulation process has led to high activity for several enzymes (lipases, GOx, HRP, and Hb) and to the discovery of phospholipid–silica nanocapsules which were very efficient for bienzymatic systems encapsulation (GOx–HRP, GOx–Hb).[20,21,37–40] The nanocapsule formation is explained by, first the stacking of adjacent phospholipid bilayers and then the hemifusion of the bilayers to form interconnected phospholipid nanocapsules. After TEOS addition, a silica shell is formed around the nanocapsules (Fig. 7). Electron tomography image slices with thicknesses of 0.7 nm extracted from reconstructed volume (Fig. 7) reveal diameters of nanocapsules between 20 and 40 nm, which are interconnected by phospholipid bilayer bridges. The silica shell thickness is between 3 and 5 nm around the nanocapsules and the silica shell thickness decreases at the vicinity of the interconnection and then vanishes. The phospholipid thickness inside the silica nanocapsules is estimated between 3 and 6 nm. In the SEM image, NPS appear as an aggregation of nanoparticles (Fig. S5, ESI†) and the nitrogen adsorption isotherm shows an interparticular porosity of ca. 20 nm (Fig. S6, ESI†). After sonication in water, DLS measurements show that NPS have an average size of 30 nm (Fig. 8) in accordance with the statistic size of the nanocapsules determined from the tomography analysis, meaning that the phospholipid interconnections

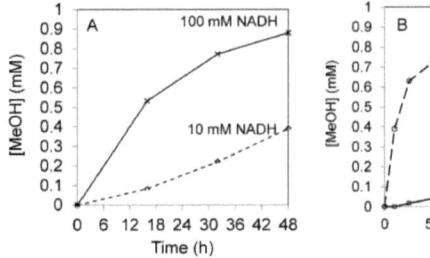

Fig. 6 (A) Methanol production as a function of time for two different initial NADH amounts: 10 mM and 100 mM, for the polyenzymatic system: FateDH/FaldDH/YADH: 0.01/0.15/0.75 g L^{-1} of commercial enzymatic powder and 3.5 g L^{-1} of pure PTDH with Na$_2$HPO$_3$ (0.05 M). (B) Methanol production as a function of initial NADH amounts: (a) for the system: FateDH/FaldDH/YADH: 0.01/0.15/0.75 g L^{-1} of commercial enzymatic powder and 3.5 g L^{-1} of pure PTDH, after 48 h of reactions using Na$_2$HPO$_3$ (0.05 M); (b) after 65 h of reaction. All the reactions were carried out at 37 °C in phosphate buffer (0.05 M, pH 6.5) with KHCO$_3$ (0.05 M).

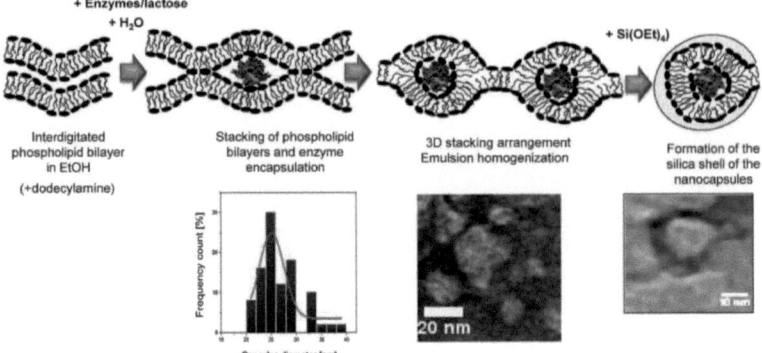

Fig. 7 (up) Proposed mechanisms for the formation of phospholipids-templated silica nanocapsule (NPS) enzymes. (down) Electron tomography: slices redrawn from the reconstructed volume of FateDH–FaldDH–YADH phospholipid–silica nanocapsules (NPS) and the observed statistic size distribution of the nanocapsules as identified from the sections within the volume.

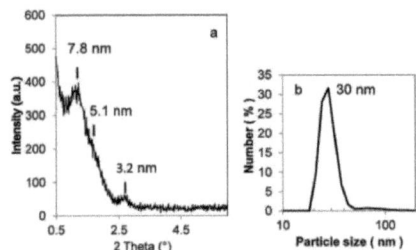

Fig. 8 (a) XRD of FateDH–FaldDH–YADH phospholipid–silica nanocapsules (NPS) and (b) the particle size distribution of NPS by DLS after sonication.

encapsulated in the NPS. The loading of enzymes in NPS containing the three dehydrogenases without the regenerating system was 27.5 mg$_{\text{pure enzymes}}$ g$_{\text{NPS}}^{-1}$. The encapsulation of the 3 dehydrogenases plus the regenerating enzyme PTDH has been performed and the resulting NPS nanocapsules contain 43.9 mg$_{\text{pure enzymes}}$ g$_{\text{NPS}}^{-1}$. The catalytic activity of the polyenzymatic system, used in the presence or absence of the regenerating enzyme PTDH, is reported in Fig. 9. Addition of the regenerating system increases in all cases the productivity in MeOH by a factor of 2 for the free enzymes or a factor of 5 in the case of encapsulated enzymes. The encapsulation in NPS, in the presence or absence of the regenerating enzyme PTDH, increases the bioactivity of the polyenzymatic system by a factor of 10 or 27, respectively. The highest productivity in methanol was obtained for the polyenzymatic

between nanocapsules are fragile and can be disconnected. By XRD a characteristic distance at *ca.* 8 nm, most probably corresponding to the repeated distance of phospholipid bilayer and silica shell, would correspond to a phospholipid bilayer thickness of 4 nm if an average of 4 nm for the silica shell thickness is taken, in accordance with tomography observation. Some characteristic distances at about 5.1 and 3.2 nm are detected and remain to be understood, which could result from the impurities present in the lecithin.

The procedure was applied to encapsulate the optimized polyenzymatic system FateDH, FaldDH and YADH in the phospholipid–silica nanocapsules (NPS). TGA (Fig. S4, ESI†) shows that NPS contains 470 mg of organics (mainly phospholipids) per gram of NPS. The Bradford assay used to quantify the enzymes in the supernatant showed no significant absorbance at 595 nm after enzyme separation on a Sephadex-G25 exclusion column. All enzymes used in the synthesis were therefore

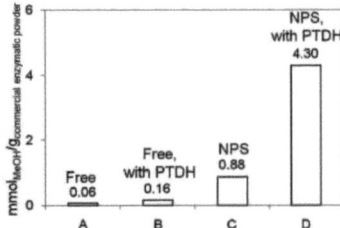

Fig. 9 Production of methanol from CO_2 after 3 h per mass of total commercial enzymatic powders for FateDH, FaldDH, YADH trienzymatic system (0.01, 0.15, 0.75 g L^{-1}, respectively) at 5 bar. (A) Free enzymes; (B) free enzymes with PTDH addition (3.5 g L^{-1} of pure enzyme) to regenerate NADH; (C) enzymes encapsulated in NPS, without PTDH; (D) enzymes and PTDH (3.5 g L^{-1} of pure enzyme) encapsulated in NPS. Conditions: phosphate buffer (0.05 M, pH 6.5), NADH (0.1 M) and Na$_2$HPO$_3$ (0.05 M) when PTDH is added.

system plus the regenerating enzyme PTDH encapsulated in NPS and leads to a productivity in MeOH of 42 μmol g_{NPS}^{-1} corresponding to 4.3 mmol $g_{commercial\ enzymatic\ powder}^{-1}$ in 3 h under 5 bar pressure.

These results were compared to those reported earlier by other groups. In terms of process, Dave[17] and Jiang and co-workers[19] used a continuous bubbling of CO_2 into the reaction vessel. Such a design allows to increase CO_2 availability in water, but necessitates high recycle rates to get significant CO_2 reduction yields and costs in the case of use of purified carbon dioxide. CO_2 bubbling was not possible to achieve in our case for the free polyenzymatic system because a dense foam formed in the presence of YADH, flushing away the solution from the reactor. We therefore used a static process with a fixed initial CO_2 amount. Jiang and coworkers[8,19,41] have also tried bubbling under a pressure of 3 bar for a silica sol–gel encapsulation and of 5 bar for alginate encapsulation. However the best results they report in terms of activity were obtained for a polyenzymatic system encapsulated in titanate/protamine particles with a constant bubbling of CO_2 at 1 bar. These authors demonstrated that the type of encapsulation is more important than pressure. In Fig. 10, we compared our results with those reported by the above two groups. Jiang and coworkers[8] in the absence of a regenerating system with the polyenzymatic system encapsulated in protamine templated titanate particles obtained a methanol yield of 0.83 $mmol_{MeOH}$ $g_{commercial\ enzymatic\ powder}^{-1}$ close to that reached with the NPS encapsulated system in the absence of NADH regeneration (0.88 $mmol_{MeOH}$ $g_{commercial\ enzymatic\ powder}^{-1}$). Dave,[17] using a regenerating system composed of a 'PSII' suspension, obtained a MeOH yield of 3.3 $mmol_{MeOH}$ $g_{commercial\ enzymatic\ powder}^{-1}$

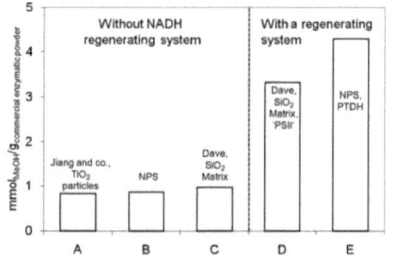

Fig. 10 Comparison with literature results of the production of methanol from CO_2 after 3 h per mass of total commercial enzymatic powder for FateDH, FaldDH, YADH trienzymatic systems encapsulated with and without a NADH regenerating system. (A) Jiang and co-workers:[18] FateDH/FaldDH/YADH (1.35, 1.35, 0.3 g L^{-1}) encapsulated in protamine templated-TiO$_2$ particles and continuous bubbling of CO_2; (B) enzymes encapsulated in NPS (this work) at 5 bar of CO_2; (C) Dave:[17] FateDH/FaldDH/YADH (5, 5, 5 g L^{-1}) encapsulated in silica sol–gel and continuous bubbling of CO_2; (D) Dave:[17] FateDH/FaldDH/YADH (5, 5, 5 g L^{-1}) and a regenerating system (PSII) encapsulated in silica sol–gel and continuous bubbling of CO_2; (E) enzymes and PTDH regeneration system encapsulated in NPS (this work) at 5 bar. Our conditions: phosphate buffer (0.05 M, pH 6.5), NADH (0.1 M) and with Na$_2$HPO$_3$ (0.05 M) when PTDH is added, FateDH/FaldDH/YADH: (0.01, 0.15, 0.75 g L^{-1}) (g of commercial enzymatic powder) and PTDH of 3.5 g L^{-1} (g of pure enzyme).

slightly lower than the 4.3 $mmol_{MeOH}$ $g_{commercial\ enzymatic\ powder}^{-1}$ obtained using NPS with PTDH as the NADH regenerating system. In terms of CO_2 consumed, however, the productivity achieved in the static system under 5 bar pressure is nearly three orders of magnitude higher than in the open system with CO_2 bubbling.

4. Conclusions

The biocatalytic conversion of CO_2 into methanol was investigated using a cascade reaction of 3 dehydrogenases (formate dehydrogenase (FateDH), formaldehyde dehydrogenase (FaldDH), and alcohol dehydrogenase (YADH)). To avoid any accumulation of the different successive products, which can denature the other enzymes, the rate of conversion of the third enzyme has to be higher than the rate of conversion of the second one, which has to be higher than the rate of conversion of the first one. The optimized ratio for this polyenzymatic system FateDH, FaldDH, and YADH was 0.01, 0.15, and 0.75 g (commercial enzymatic powder) per L or to be more precise if different batches or suppliers are used a composition corresponding to a ratio of 1, 4.4, and 790 Units per L. Units (μmol min^{-1}) have been calculated for each commercial powder by defined standard assays. Different regeneration systems of the NADH cofactor, among which enzymes and photosystems, have been studied and the most efficient system was an enzyme, the phosphite dehydrogenase (PTDH) producing phosphate from phosphite as side reaction, which is very convenient in a phosphate buffer medium. Furthermore PTDH is very active at the optimum pH of the reaction (pH 6.5). Adding an efficient regenerating system allows us to increase the activity of the polyenzymatic system by a factor of 5. However the most important improvement comes from the immobilization of the polyenzymatic system into an inorganic matrix. By using an efficient enzymatic encapsulation host such as phospholipids–silica nanocapsules (NPS), the activity of the polyenzymatic system was increased by a factor close to 30, leading to a productivity in methanol (in static at 5 bar for 3 h) of 4.3 mmol $g_{commercial\ enzymatic\ powder}^{-1}$ equivalent to what was previously reported using a continuous CO_2 bubbling. The productivity in methanol per mass of catalyst corresponds to 42 μmol methanol produced per g_{NPS} in 3 h. The reaction rate decreases after some time, due most probably to the accumulation of methanol. To improve this biocatalytic conversion process, continuous flow catalysis should be performed to extract methanol in order to avoid the denaturing effect of methanol on the enzymes. The limitation associated with the low solubility of CO_2 in water should be overcome by using other media than water, such as ionic liquids, glycerol, polyethylene glycol, supercritical CO_2 or to run the bioconversion in a continuous gas phase.

Acknowledgements

The authors thank Dr Joel Chopineau and Dr Eric Dubreucq for fruitful discussions and Dr Huimin Zhao from the University of Illinois, Department of chemical and biomolecular engineering, for providing us with the pET15b-PTDH12x construct. This work was financially supported by the Region Languedoc-Roussillon through the "Chercheur d'Avenir Confirmé" grant and by the CNRS. The authors acknowledge financial support from the French METSA network (CNRS-FR3507 and CEA).

References

1. M. Aresta and A. Dibenedetto, *Catal. Today*, 2004, **98**, 455–462.
2. S. Klaus, M. W. Lehenmeier, C. E. Anderson and B. Rieger, *Coord. Chem. Rev.*, 2011, **255**, 1460–1479.
3. C. Song, *Catal. Today*, 2006, **115**, 2–32.
4. G. A. Olah, A. Goeppert and G. K. S. Prakash, *J. Org. Chem.*, 2009, **74**, 487–498.
5. S. N. Riduan, Y. Zhang and J. Y. Ying, *Angew. Chem., Int. Ed.*, 2009, **48**, 3322–3325.
6. C.-C. Lo, C.-H. Hung, C.-S. Yuan and Y.-L. Hung, *Chin. J. Catal.*, 2007, **28**, 528–534.
7. R. Obert and B. C. Dave, *J. Am. Chem. Soc.*, 1999, **121**, 12192–12193.
8. Q. Sun, Y. Jiang, Z. Jiang, L. Zhang, X. Sun and J. Li, *Ind. Eng. Chem. Res.*, 2009, **48**, 4210–4215.
9. F. S. Baskaya, X. Y. Zhao, M. C. Flickinger and P. Wang, *Appl. Biochem. Biotechnol.*, 2010, **162**, 391–398.
10. Y. H. Kim and Y. J. Yoo, *Enzyme Microb. Technol.*, 2009, **44**, 129–134.
11. J. Liu and M. Antonietti, *Energy Environ. Sci.*, 2013, **6**, 1486–1493.
12. A. Weckbecker, H. Groger and W. Hummel, *Biosystems Engineering I: Creating Superior Biocatalysts*, 2010, pp. 195–242.
13. T. W. Johannes, R. D. Woodyer and H. M. Zhao, *Appl. Environ. Microbiol.*, 2005, **71**, 5728–5734.
14. R. Xue and J. M. Woodley, *Bioresour. Technol.*, 2012, **115**, 183–195.
15. C. Hold and S. Panke, *J. R. Soc., Interface*, 2009, **6**, S507–S521.
16. Z. Duan and R. Sun, *Chem. Geol.*, 2003, **193**, 257–271.
17. B. C. Dave, US Pat., 6,440,711, 2002.
18. Y. J. Jiang, Q. Y. Sun, L. Zhang and Z. Y. Jiang, *J. Mater. Chem.*, 2009, **19**, 9068–9074.
19. S.-w. Xu, Y. Lu, J. Li, Z.-y. Jiang and H. Wu, *Ind. Eng. Chem. Res.*, 2006, **45**, 4567–4573.
20. P. Laveille, L. T. Phuoc, J. Drone, F. Fajula, G. Renard and A. Galarneau, *Catal. Today*, 2010, **157**, 94–100.
21. L. T. Phuoc, P. Laveille, F. Chamouleau, G. Renard, J. Drone, B. Coq, F. Fajula and A. Galarneau, *Dalton Trans.*, 2010, **39**, 8511–8520.
22. S. K. Lower, *Carbonate equilibria in natural waters*, Simon Fraser University, 1999, pp. 1–26.
23. U. Rusching, U. Müller, P. Willnow and T. Höpner, *Eur. J. Biochem.*, 1976, **70**, 325–330.
24. D. A. Berthold, G. T. Babcock and C. F. Yocum, *FEBS Lett.*, 1981, **134**, 231–234.
25. T. Nash, *Biochem. J.*, 1953, **55**, 416–421.
26. J. Shi, X. Wang, Z. Jiang, Y. Liang, Y. Zhu and C. Zhang, *Bioresour. Technol.*, 2012, **118**, 359–366.
27. T. Schmidt, C. Michalik, M. Zavrel, A. Spieß, W. Marquardt and M. B. Ansorge-Schumacher, *Biotechnol. Prog.*, 2010, **26**, 73–78.
28. S. Ogushi, M. Ando and D. Tsuru, *Agric. Biol. Chem.*, 1984, **48**, 597–601.
29. U. Ruschig, U. Muller, P. Willnow and T. Hopner, *Eur. J. Biochem.*, 1976, **70**, 325–330.
30. N. McCann, D. Phan, X. G. Wang, W. Conway, R. Burns, M. Attalla, G. Puxty and M. Maeder, *J. Phys. Chem. A*, 2009, **113**, 5022–5029.
31. B. C. Dave, M. S. Rao and M. C. Burt, WO Pat., 2007/022504, 2007.
32. S. O. W. Vishniac, *J. Biol. Chem.*, 1952, **195**, 75–93.
33. J. P. Dekker and E. J. Boekema, *Biochim. Biophys. Acta, -Bioenerg.*, 2005, **1706**, 12–39.
34. W. Vredenberg, *Biosystems*, 2011, **103**, 138–151.
35. O. Aschenbrenner and P. Styring, *Energy Environ. Sci.*, 2010, **3**, 1106–1113.
36. M. Poizat, I. Arends and F. Hollmann, *J. Mol. Catal. B: Enzym.*, 2010, **63**, 149–156.
37. M. Mureseanu, A. Galarneau, G. Renard and F. Fajula, *Langmuir*, 2005, **21**, 4648–4655.
38. A. Galarneau, M. Mureseanu, S. Atger, G. Renard and F. Fajula, *New J. Chem.*, 2006, **30**, 562–571.
39. A. Galarneau, G. Renard, M. Mureseanu, A. Tourrette, C. Biolley, M. Choi, R. Ryoo, F. Di Renzo and F. Fajula, *Microporous and Mesoporous Mater.*, 2007, **104**, 103–114.
40. A. Galarneau, F. Sartori, M. Cangiotti, T. Mineva, F. Di Renzo and M. F. Ottaviani, *J. Phys. Chem. B*, 2010, **114**, 2140–2152.
41. Z. Y. Jiang, H. Wu, S. W. Xu, S. F. Huang and Q. Xie, *Chin. J. Catal.*, 2002, **23**, 162–164.

RÉSUMÉ

ANNÉE : 2013
NOM : CAZELLES Rémi

TITRE
Bioconversion du CO_2 en méthanol par un système polyenzymatique encapsulé dans des nanocapsules poreuses de silice

RÉSUMÉ
Le déclin de la production de pétrole, lié avec la diminution des matières premières carbonées pour la synthèse chimique ont mené les scientifiques à chercher de nouvelles sources de carbone pour l'industrie chimique. L'utilisation du dioxyde de carbone aiderait à réduire les émissions de gaz de serre tout en fournissant une matière première renouvelable à base de bloc moléculaire en C1. En renversant les équilibres biologiques de trois déshydrogénases, nous avons effectué la biosynthèse multienzymatique en cascade du méthanol à partir de CO_2 en utilisant la formiate déshydrogénase de Candida boidinii, la formaldéhyde déshydrogénase de Pseudomonas putida et l'alcool déshydrogénase de Saccacharomyces cerevisiae. Nous avons optimisé le système en ajustant les conditions catalytiques et la quantité relative de chaque déshydrogénase. La phosphite déshydrogénase de Pseudomonas stutzeri a été également choisi comme système de régénération du cofacteur nicotinamide adénine dinucléotide réduit (NADH) parmi 4 systèmes de régénération étudiés. L'ensemble du système a été encapsulé dans des nanocapsules poreuses de silice qui a permis d'augmenter 15 fois les productivités en méthanol. Nous avons montré que les dernières limitations rencontrées, comme la disponibilité du CO_2 et l'accumulation du méthanol, peuvent être dépassées en mettant en place un système catalytique en flux continu en phase gaz.
MOTS-CLÉS : Chimie verte, Nanomatériaux, Polyenzymatique, Phospholipides, Phase gaz, ¨Production protéine

TITLE
CO_2 Bioconversion into methanol by a polyenzymatic system incorporated in new silica porous nanoparticles
ABSTRACT
The decline of oil production, linked with the decrease of carbon feedstock for chemical synthesis leads scientist to find new sources of carbon for the chemical industry. Use of carbon dioxide would help to reduce the greenhouse gas emissions while providing a renewable feedstock of C1 molecular building blocks. By reversing the biological metabolic reaction pathway of three dehydrogenases, we carried out multistep multienzyme biosynthesis of methanol from CO_2 using formate dehydrogenase from Candida Boidinii, formaldehyde dehydrogenase from Pseudomonas Putida and alcohol dehydrogenase from Saccacharomyces cerevisiae. We improved the system active by adjusting the catalytic conditions and the relative quantity of each dehydrogenase. Phosphite dehydrogenase from Pseudomonas stutzeri was also chosen among 4 different studied systems to be introduced into the catalysis as a cofactor regenerating system for reduced nicotinamide adenine dinucleotide. The enzymatic system was then immobilized by encapsulation into novel phospholipid templated silica nanocapsules, allowing an increase of the methanol productivity by a factor 15. We show that the last limitation of the process as substrate availability and product accumulation can be overcome by running continuous enzymatic flow conversion in a gas phase.
KEYWORDS: Green chemistry, Nanomaterial, Polyenzymatic, Phospholipid, Gas phase, Protein production

INSTITUT CHARLES GERHARDT DE MONTPELLIER
UMR 5253, CNRS-ENSCM-UMI-UMII
Équipe Matériaux Avancés pour la Catalyse et la Santé
8, rue de l'Ecole Normale
34296 Montpellier Cedex 5
FRANCE

Oui, je veux morebooks!

i want morebooks!

Buy your books fast and straightforward online - at one of world's fastest growing online book stores! Environmentally sound due to Print-on-Demand technologies.

Buy your books online at
www.get-morebooks.com

Achetez vos livres en ligne, vite et bien, sur l'une des librairies en ligne les plus performantes au monde!
En protégeant nos ressources et notre environnement grâce à l'impression à la demande.

La librairie en ligne pour acheter plus vite
www.morebooks.fr

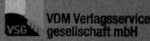 VDM Verlagsservicegesellschaft mbH
Heinrich-Böcking-Str. 6-8   Telefon: +49 681 3720 174   info@vdm-vsg.de
D - 66121 Saarbrücken   Telefax: +49 681 3720 1749   www.vdm-vsg.de

Printed by Books on Demand GmbH, Norderstedt / Germany